高等医学院校实验教材

基础化学实验教程

主　编　杨先炯　肖　竦

副主编　李　燕　张奇龙

编　委　（按姓名汉语拼音排序，均来自贵州医科大学）

沈凌屹　王　丽　席晓岚　徐　红

许志玲　袁见萍　袁桃花

北京大学医学出版社

JICHU HUAXUE SHIYAN JIAOCHENG

图书在版编目（CIP）数据

基础化学实验教程 / 杨先炯，肖竦主编 . —北京：北京大学医学出版社，2023.9（2025.7 重印）

ISBN 978-7-5659-2960-1

Ⅰ. ①基… Ⅱ. ①杨… ②肖… Ⅲ. ①化学实验 - 教材 Ⅳ. ①O6-3

中国国家版本馆 CIP 数据核字（2023）第 143222 号

基础化学实验教程

主　　编：杨先炯　肖　竦

出版发行：北京大学医学出版社

地　　址：（100191）北京市海淀区学院路38号　北京大学医学部院内

电　　话：发行部 010-82802230；图书邮购 010-82802495

网　　址：http: //www.pumpress.com.cn

E-mail：booksale@bjmu.edu.cn

印　　刷：北京溢漾印刷有限公司

经　　销：新华书店

责任编辑：法振鹏　**责任校对**：靳新强　**责任印制**：李　啸

开　　本：787 mm × 1092 mm　1/16　**印张**：9.25　**字数**：228千字

版　　次：2023年9月第1版　2025年7月第3次印刷

书　　号：ISBN 978-7-5659-2960-1

定　　价：28.00元

前言

基础化学实验既是医学化学教学的重要环节，又是医学生后续课程学习的基础。本书结合教学大纲，强调“三基”，增强“五性”，贯彻素质教育、树立绿色化学研究的理念和创新性的理念，旨在更好地培养学生的探索精神、科学思维、实践能力和创新能力。本书总结多年的教学经验，尤其是在实验教学经验的基础上，参考多种同类教材，经过广泛的调查研究编写而成。教材分为两个单元，第一单元为基础化学实验的基础知识，重点介绍基础化学实验的基本知识、常用仪器和基本操作，对实验预习、实验记录、实验报告做了规范的要求；第二单元为基础化学实验，内容丰富，可供多层次多专业选用，各类医学院校可以根据自己学校的实际情况选择开展的实验；附录列出供学生书写实验报告时查阅的相关基本常数。通过做基础化学实验，掌握化学基础知识的精髓，熟悉仪器和操作方法，培养专业技能，培养学生严谨的科学态度和动手能力。这些能力是学生今后工作和科学研究的基础。

在所编写的实验中，我们有意识地安排了一些让学生通过独立思考、自行查阅资料、自行设计程序的考核性实验项目，让学生能得到较多的锻炼；为了让学生通过做基础化学实验更好地理解理论知识，在每个实验的后面增加了思考题，让学生学有所思，巩固所学的理论知识，做到理论指导实验，实验促进理论知识的学习，提高教学质量。

本书的编写得到了北京大学医学出版社、贵州医科大学各级领导的支持和许多教师的帮助，编者期望此书在教学实践中能起到一定的指导作用，但由于水平、经验有限，书中难免存在不足之处，恳请专家和读者给予批评指正。

杨先炯　肖　竦

目 录

第一单元

基础化学实验的基础知识

一、基础化学实验室安全知识

（一）实验室安全守则

（1）必须了解实验室的环境，充分熟悉水、电、煤气阀门、急救箱和消防用品等的放置地点和使用方法。

（2）实验室内的药品严禁任意混合，更不能入口尝试，以免发生意外事故。注意试剂、溶液的瓶盖及瓶塞不能混淆。

（3）禁止在实验室内进食、吸烟。使用有毒试剂（如氟化物、氰化物、铅盐、钡盐、六价铬盐、汞的化合物和砷的化合物等）时，严防进入口内或接触伤口，剩余药品或废液不得倒入下水道或废液桶内，应倒入回收瓶中集中处理。

（4）如实验可能产生 H_2S、CO、Cl_2、SO_2 等有毒的、恶臭的、有刺激性的气体，应该在通风橱内进行。

（5）有机溶剂（如乙醇、苯、丙酮、乙醚等）易燃，使用时要远离火源。应防止易燃有机物的蒸气外逸，切勿将易燃有机溶剂倒入废液缸，更不能用开口容器（如烧杯）盛放有机溶剂，不可用火直接加热装有易燃有机溶剂的烧瓶。回流或蒸馏液体时应放沸石，以防止液体过热暴沸而逸出，引起火灾。

（6）使用具有强腐蚀性的浓酸、浓碱、溴等化学试剂时，应避免接触皮肤和溅在衣服上，更要注意保护眼睛，需要时应佩戴防护眼镜。

（7）加热、浓缩液体的操作要十分小心，不能俯视正在加热的液体，以免溅出的液体将眼部、面部灼伤。加热试管中的液体时，不能将试管口对着自己或他人。当需要借助于嗅觉鉴别少量气体时，绝不能用鼻子直接对准瓶口或试管口嗅闻气体，而应用手把少量气体轻轻地扇向鼻孔进行嗅闻。

（8）使用电器设备时，不要用湿手接触仪器，以防触电，用后拔下电源插头。

（二）实验室的常见事故与应急处理

1. 化学实验室常见事故及应急处理

（1）割伤：伤口内若有异物，应先取出，涂上汞溴红溶液或贴上创可贴，若伤口污染较重，可用 3% 过氧化氢溶液擦洗或用碘酊涂在伤口的四周。但要注意，一定不要将汞溴红溶液和碘酊同时使用。伤口消毒后再用消炎粉敷上，并加以包扎。必要时送医院救治。

（2）轻度烫伤或烧伤：可用棉棒浸 90% ~ 95% 的乙醇轻涂伤处，也可用 3% ~ 5% 高锰酸钾溶液擦伤处至皮肤变为棕色，然后涂上烫伤膏，也可直接在烫伤处涂上烫伤膏，切勿用水冲洗，更不要把烫起的水疱挑破，以防感染。

（3）酸（或碱）灼伤：酸或碱溅到皮肤上时，先用大量水冲洗，再用饱和碳酸氢钠（或 2% 醋酸溶液）冲洗，最后用水冲洗，涂敷氧化锌软膏（或硼酸软膏）。

（4）酸（或碱）溅入眼内：应立即用大量水冲洗，再用 2% 硼砂溶液（或 3% 硼酸溶液）冲洗眼睛，然后用洗眼器冲洗。

（5）溴腐伤：先用乙醇或 10% 硫代硫酸钠（大苏打）溶液洗涤伤口，然后用水冲净，并涂敷甘油。

（6）吸入刺激性或有毒气体（如溴蒸气、氯气、氯化氢）：可吸入少量乙醇和乙醚的混合蒸气解毒。因不慎吸入煤气、硫化氢气体，应立即到室外呼吸新鲜空气。

（7）毒物误入口内：立即取一杯含 5 ~ 10 ml 稀硫酸铜溶液的温水，内服后再用手指伸入咽喉部，促使呕吐，然后立即送医院治疗。

（8）不慎触电时：立即切断电源，必要时进行人工呼吸，然后立即拨打急救电话就医。

2. 实验室火灾及其处理

当实验室不慎起火时，一定不要惊慌失措，而应根据不同的着火情况，采取不同的灭火措施。由于物质燃烧需要空气和一定的温度，所以灭火的原则是降温或将燃烧的物质与空气隔绝。

化学实验室常用的灭火措施如下。

（1）小火时，用湿布、石棉布覆盖燃烧物即可灭火；大火时可用泡沫灭火器灭火。对活泼金属 Na、K、Mg、Al 等着火，应用干燥的细沙覆盖灭火。有机溶剂着火，切勿用水灭火，而应用二氧化碳灭火器、沙子和干粉等灭火。

（2）加热时着火，应立即停止加热，关闭煤气总阀，切断电源，停止通风，把一切易燃易爆物移至远处。

（3）电器设备着火，应先切断电源，再用灭火器灭火。

（4）当衣服着火时，应赶快脱下衣服，也可用湿布或石棉布覆盖着火处，或在地上卧倒打滚，以起到灭火作用，绝不可慌张乱跑。

（5）必要时报火警。

一些有机化合物如过氧化物、干燥的重氮盐、硝酸酯、多硝基化合物等，具有爆炸性，必须严格按照操作规程进行实验，以防爆炸。

应该经常检查煤气开关，保持完好，煤气灯和橡皮管使用前也要仔细检查。如发现漏气，须立即熄灭室内所有火源，打开门窗，用肥皂水找出漏气处，若不能自己解决，立即告知有关部门及时抢修，并关闭煤气总阀门。

（三）实验室常见标识

实验室安全是进行科学实验的基础，为避免实验工作人员受到伤害，国际上对化学危害、生物危害、火电危害、辐射危害等都设置了标准的警示标识；同时，对消防的安全疏散通道、紧急出口也有相应的规范标识。

（1）化学危害标识：化学实验室是高校开展科研和教学工作的重要场所。大多数化学实验室都需要储存或使用多种化学品，根据《危险化学品安全管理条例》第三条规定：危险化学品是指具有毒害、腐蚀、爆炸、燃烧、助燃等性质，对人体、设施、环境具有危害的剧毒化学品和其他化学品。化学危险品标识常用鲜艳的橙色标识，如图 1-1。

（2）生物危害标识：生物危害（biohazard）由“生物学的”和“危害”两个词缩写组成，泛指一个或其中部分具有直接或潜在危害的传染因子（包括有害的细菌、病毒、真菌、寄生虫等），通过直接传染或者破坏周围环境间接危害人、动物以及植物的正常发育过程。生物危害标识使用鲜艳的橙色，如图 1-2。

（3）感染性安全标识：通常指保存、运输、操作含有感染性物质的物品外包装上贴有感染性物品标识，如图 1-3。

图 1-1　危险化学品标识

图 1-2　生物危害标识

图 1-3　感染性安全标识

（4）其他安全标识：如图 1-4。

爆炸品	易燃气体	不燃气体	有毒气体

易燃液体	易燃固体	自燃物品	遇湿易燃物品

图 1-4　其他安全标识

氧化剂

有机过氧化物

剧毒品

感染性物品

放射性物品

腐蚀品

必须穿防护服

必须穿防护鞋

必须加锁

正在维修

必须消除人体静电

必须采取固定措施

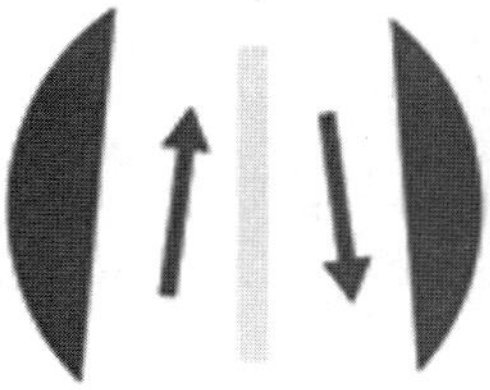
保持通道顺畅

必须戴防毒面具

必须戴防护帽

注意通风

当心中毒

当心爆炸

当心触电

当心滑倒

图 1-4　其他安全标识（续）

医疗废物	当心电离辐射	当心机械伤人	当心火灾

禁止停留	非工作人员禁止入内	禁止烟火	禁止吸烟

设备停用	禁止堆放易燃物	禁止触摸	禁止饮食

图 1-4　其他安全标识（续）

（四）实验室常见危险化学品

（1）常见毒品：见表 1-1。

表 1-1　常见毒品所需主要易制毒化学品

序号	毒品名	所需主要易制毒化学品
1	二醋吗啡（海洛因）	醋酸酐、氯化铵、三氯甲烷、乙醚、丙酮、盐酸、硫酸
2	甲基苯丙胺	麻黄碱、伪麻黄素、1- 苯基 -2- 丙酮、氯化亚砜、丙酮、醋酸酐、甲苯、氯化钯、盐酸、硫酸、丁酮、苯乙酸、硫酸钡、醋酸钠
3	MDA、MDMA 及类似物品（俗称摇头丸）	黄樟脑、异黄樟脑、胡椒醛、3,4- 亚甲基二氧苯乙基 -2- 丙酮
4	可卡因	高锰酸钾、丙酮、乙醚、丁酮、甲苯

续表

序号	毒品名	所需主要易制毒化学品
5	甲喹酮	邻苯基苯甲酸、*N*- 乙酰邻氨基苯甲酸
6	致幻剂（LSD）	麦角新碱、麦角胺、麦角酸、硫酸钡
7	PCP	吡啶（六氢吡啶）

（2）常见危险化学品：见表 1-2。

表 1-2　危险化学品目录（2019 版）部分

序号	品名	别名	CAS	备注
1	氨	液氨；氨气	7664-41-7	
2	1- 氨基丙烷	正丙胺	107-10-8	
3	2- 氨基丙烷	异丙胺	75-31-0	
4	3- 氨基丙烯	烯丙胺	107-11-9	剧毒
5	苄胺	苯甲胺	100-46-9	
6	1- 丙醇	正丙醇	71-23-8	
7	2- 丙醇	异丙醇	67-63-0	
8	2- 丁醇	仲丁醇	78-92-2	
9	1,2- 二硝基苯	邻二硝基苯	528-29-0	
10	1,3- 二硝基苯	间二硝基苯	99-65-0	
11	1,4- 二硝基苯	对二硝基苯	100-25-4	
12	氟		7782-41-4	剧毒
13	氟乙酸	氟醋酸	144-49-0	剧毒
14	氟乙酸甲酯		453-18-9	剧毒
15	氟乙酸钠	氟醋酸钠	62-74-8	剧毒
16	氟乙酸乙酯	氟醋酸乙酯	459-72-3	
17	高锰酸钾	过锰酸钾；灰锰氧	7722-64-7	
18	高锰酸钠	过锰酸钠	10101-50-5	
19	铬酸钾		7789-00-6	
20	铬酸钠		7775-11-3	
21	汞	水银	7439-97-6	

续表

序号	品名	别名	CAS	备注
22	过氧化钠	双氧化钠；二氧化钠	1313-60-6	
23	过氧化氢溶液（含量＞8%）		7722-84-1	
24	甲苯	甲基苯；苯基甲烷	108-88-3	
25	甲醇	木醇；木精	67-56-1	
26	甲酚	甲苯基酸；克利沙酸；甲苯酚异构体混合物	1319-77-3	
27	甲醛溶液	福尔马林	50-00-0	
28	甲酸	蚁酸	64-18-6	
29	甲烷		74-82-8	
30	硫化汞	朱砂	1344-48-5	
31	硫化钾	硫化二钾	1312-73-8	
32	硫化氢		7783-06-4	
33	硫磺	硫	7704-34-9	
34	硫酸		7664-93-9	
35	氯化钡		10361-37-2	
36	萘	粗萘；精萘；萘饼	91-20-3	
37	哌啶	六氢吡啶；氮己环	110-89-4	
38	氰化钾	山奈钾	151-50-8	剧毒
39	石油醚	石油精	8032-32-4	
40	四氢呋喃	氧杂环戊烷	109-99-9	
41	硝基苯		98-95-3	
42	3- 硝基苯酚	间硝基苯酚	554-84-7	
43	硝酸		7697-37-2	
44	硝酸铵		6484-52-2	
45	溴	溴素	7726-95-6	
46	盐酸	氢氯酸	7647-01-0	

二、基础化学实验基本知识

（一）常用玻璃仪器简介

化学实验室中玻璃仪器使用频繁，玻璃主要化学成分为 SiO_2、CaO、Na_2O、K_2O，然而玻璃仪器根据其用途和性质不同加入不同的辅助材料，包括 B_2O_3、BaO、Al_2O_3 等。玻璃仪器使用的材料包括硬质玻璃、软质玻璃及特种玻璃。硬质玻璃管端呈白色或黄色，属于高硼硅酸盐玻璃，其热稳定好、耐温差急变、耐腐蚀，如带“烧”字的仪器（烧杯、烧瓶）、试管等；软质玻璃管端呈青绿色，上述性能稍差，但透明性好，如酸碱滴定管、容量瓶、量筒等；特种玻璃，具有较高的化学和热稳定性，如石英材质的玻璃。

在基础化学实验室中常用到的玻璃仪器有量筒、移液管、滴定管、容量瓶等，有的用作反应容器、有的用作计量容器，有的用在结晶、过滤、蒸馏等化学实验操作中。认识并了解玻璃仪器的种类及特点，有助于快速、灵活运用玻璃仪器完成不同类型的化学实验。

（二）常用玻璃仪器及其基本操作

1. 量器

量器是指用于计量或者测量的玻璃仪器，一般都标有刻度和精度，如量筒、移液管、滴定管、容量瓶等。基础化学实验室常用量器及使用如下。

（1）量筒（measuring cylinder，graduated cylinder）：是一种常用的量度液体体积的仪器（图 1-5），常用规格有 10 ml、25 ml、50 ml、100 ml、250 ml、500 ml、1000 ml 等。量筒规格越大，精确度越小，读数误差越大，因此实验中应根据量取溶液的体积，尽量选用能一次量取的最小规格的量筒。量筒使用时，须保持量筒与桌面垂直，量取液体时应先倒入接近所需体积的液体，然后改用胶头滴管滴加，读数时视线与量筒内液体凹液面最低处保持水平，不可用手举起量筒看刻度，然后根据刻度线进行读数，即为量取液体体积。

（2）移液管（pipette）：是一种准确移取液体体积的仪器，常用规格有 0.1 ml、0.2 ml、0.5 ml、1.0 ml、2.0 ml、5.0 ml、10.0 ml 和 25 ml 等，根据其刻度分为单标线移液管和分度移液管。单标线移液管为中间有一膨大部分（球部）的细长玻璃管，其下端为尖嘴状，上端管颈刻有一条标线，是准确移取液体体积的标志（图 1-6a）。分度移液管是具有分刻度的玻璃管，可以移取全刻度以内的液体体积（如图 1-6b）。两者所移取的液体体积通常可准确到 0.01 ml。

使用步骤如下。①挑选：指根据所移溶液的体积和要求选择合适规格的移液管使

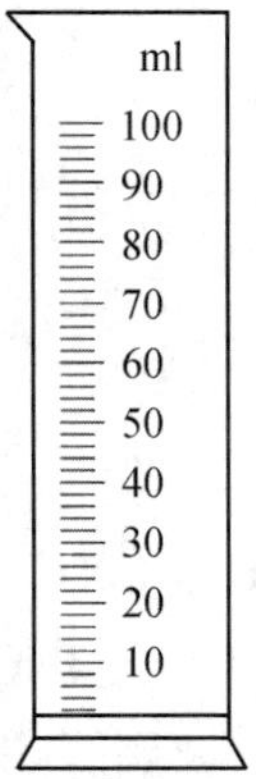

图 1-5　量筒

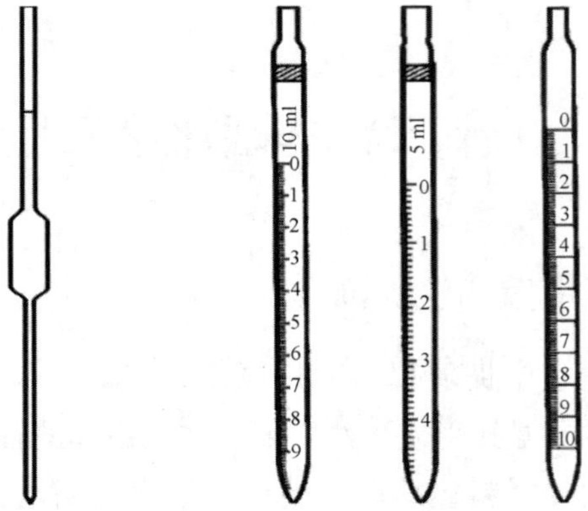

a. 单标线移液管　　b. 分度移液管

图 1-6　移液管

用，并检查移液管的管口和尖嘴有无破损，若有破损则不能使用。②洗涤：先用自来水淋洗后，再用碱性溶液或者铬酸洗涤液浸泡，操作方法如下。清洗：用右手拿移液管上端合适位置，示指靠近管上口，中指和环指张开握住移液管外侧，拇指在中指和环指中间位置握在移液管内侧，小指自然放松；左手拿洗耳球，持握拳式，将洗耳球握在掌中，尖口向下，握紧洗耳球，排出球内空气，将洗耳球尖口插入或紧接在移液管上口，注意不能漏气。慢慢松开左手手指，将洗涤液慢慢吸入管内，直至刻度线以上部分，移开洗耳球，迅速用右手示指堵住移液管上口，等待片刻后，将洗涤液放回原瓶。并用自来水冲洗移液管内外壁至不挂水珠，再用蒸馏水洗涤 3 次，控干水备用。润洗：摇匀待吸溶液，将待吸溶液倒一小部分于已洗净并干燥的小烧杯中，用滤纸将清洗过的移液管尖端内外的水分吸干，并插入小烧杯中吸取溶液，当吸至移液管容量的 1/3 时，立即用右手示指按住管口，取出，横持并转动移液管，使溶液流遍全管内壁，将溶液从下端尖口处排入废液杯内。如此操作，润洗 3 ~ 4 次后即可吸取溶液。③溶液吸取（图 1-7a）：将待吸溶液润洗过的移液管插入待吸溶液液面下 1 ~ 2 cm 处用洗耳球按上述操作方法吸取溶液（注意移液管插入溶液不能过深，并要边吸边往下插入，始终保持此深度）。当管内液面上升至标线以上 1 ~ 2 cm 处时，迅速用右手示指堵住管口（此时若溶液下落至标线以下，应重新吸取），将移液管提出待吸溶液液面，并使管尖端接触待吸溶液容器内壁片刻后提起，用滤纸擦干移液管下端黏附的少量溶液（在移动移液管时，应将移液管保持垂直，不能倾斜）。④溶液体积调整：左手另取一干净小烧杯，将移液管管尖紧靠小烧杯内壁，保持垂直，小烧杯保持倾斜，移液管标线和视线保持水平（左手不能接触移液管）。稍稍松开或转动右手示指，使管内溶液缓慢从下口流出，液面降至标线时，按紧右手示指，停顿片刻，再按上法使溶液的弯月面底线与标线上缘相切为止，立即用示指压紧管口，将尖口处紧靠烧杯内壁，向烧杯口移动少许，去掉尖口处的液滴。将移液管尖端小心移至承接溶液的容器中。⑤放出溶液（图 1-7b）：保持移液管直立，接受器倾斜，管下端紧靠接受器内壁，放开示指，让溶液沿接受器内壁流下，管内溶液流完后，保持放液状态停留 15 s，将移液管尖端在与接受器接触处沿壁前后小距离滑动几下（或将移液管尖端沿接受器内壁旋转 1 周），移走移液管（残留在管尖内壁处的少量溶液，不可用洗耳球吹出，因校准移液管时已考虑了尖端内壁处保留溶液的体积。在管身上标有“吹或快”字的，可用洗耳球吹出，不允许保留）。使用结束后，移液管应清洗干净，规范放回架子上。

（3）滴定管（burette）：是一种可放出定量体积液体的量出式玻璃量器，分为酸式滴定管和碱式滴定管。酸式滴定管的下端为一玻璃活塞，碱式滴定管的下端用乳胶管连接一支带有尖嘴的小玻璃管。对于易见光分解的溶液，用棕色滴定管。还有一种滴定管为通用型滴定管，它带有聚四氟乙烯旋塞。酸式滴定管（图 1-8a）用于量取或滴定酸溶液或氧化性试剂，碱式滴定管（图 1-8b）用于量取或滴定碱溶液，两者上部的刻度值小（有 0 刻度），下部的刻度大，精确度是百分之一，即可精确到 0.01 ml。

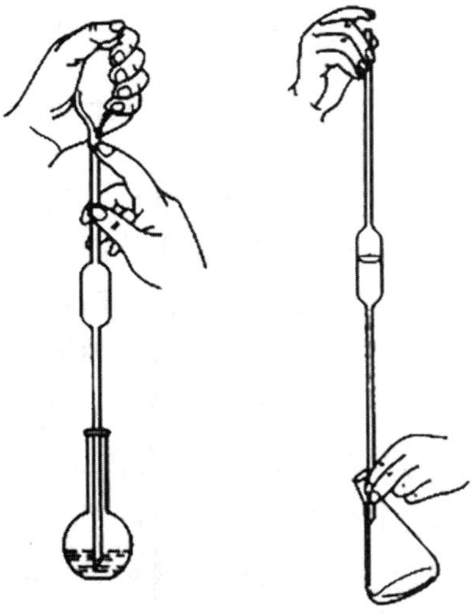

a. 溶液吸取　　b. 放出溶液

图 1-7　移液管的使用

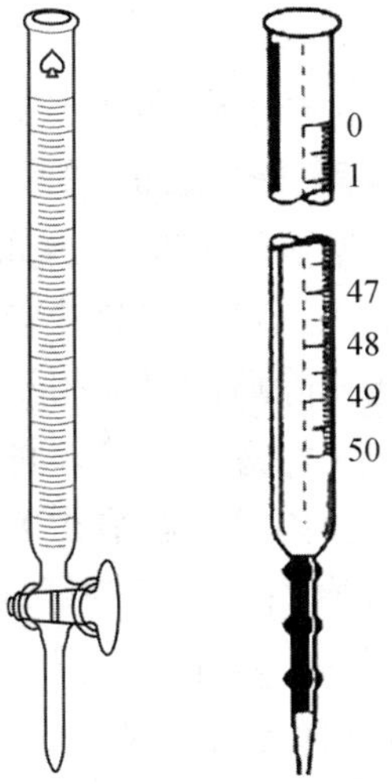

a. 酸式滴定管　　b. 碱式滴定管

图 1-8　滴定管

1）酸式滴定管使用准备：酸式滴定管是滴定分析中经常使用的一种滴定管。除强碱溶液外，其他溶液作为滴定液时一般均采用酸式滴定管。使用前，首先应检查活塞与活塞套是否密合，如不密合将会出现漏水现象，则不宜使用。其次，应进行充分的清洗。根据沾污的程度，可采用下列方法洗涤。

洗涤：①用自来水冲洗；②用滴定管刷（特制的软毛刷）蘸合成洗涤剂刷洗，但铁丝部分不能碰到管壁（如用泡沫塑料刷代替毛刷更好）。③当用上述方法不能洗净时，可用铬酸洗液清洗或浸泡。清洗时加入 5～10 ml 洗液，边转动边将滴定管放平，并将滴定管口对准洗液瓶口，以防洗液溅出。洗净后，将一部分洗液从管口倒回原瓶，最后打开活塞，将剩余的洗液从出口管放回原瓶，必要时可加满洗液进行浸泡。④可根据具体情况使用针对性洗液进行洗涤，如管内壁残留二氧化锰时，可使用草酸、亚铁盐溶液或过氧化氢加酸溶液进行洗涤。用各种洗涤剂清洗后，都必须用自来水充分洗净，并将管外壁擦干，以便观察内壁是否挂水珠。

涂凡士林：为了使酸式滴定管活塞转动灵活并克服漏水现象，需将活塞涂油（如凡士林油或真空活塞脂）。操作方法：①取下活塞小头处的小橡皮圈，再取出活塞；②用吸水纸将活塞和活塞套擦干，并注意勿使滴定管内壁的水再次进入活塞套（将滴定管平放在实验台上）。③用手指将油脂涂抹在活塞的两头或用手指把油脂涂在活塞的大头和活塞套小口的内侧（图 1-9）。油脂涂得要适当。涂得过少，活塞转动不灵活，且易漏水；涂得过多，活塞孔容易被堵塞。油脂绝对不能涂在活塞孔的上下两侧，以免旋转时堵住活塞孔。④将活塞插入活塞套中。插入时，活塞孔应与滴定管平行，径直插入活塞套，不要转动活塞，这样避免将油脂挤到活塞孔中。然后向同一方向旋转活塞，直至活塞和活塞套上的油脂层全部透明。套上小橡皮圈。经上述处理后，活塞应转动灵活，油脂层透明。

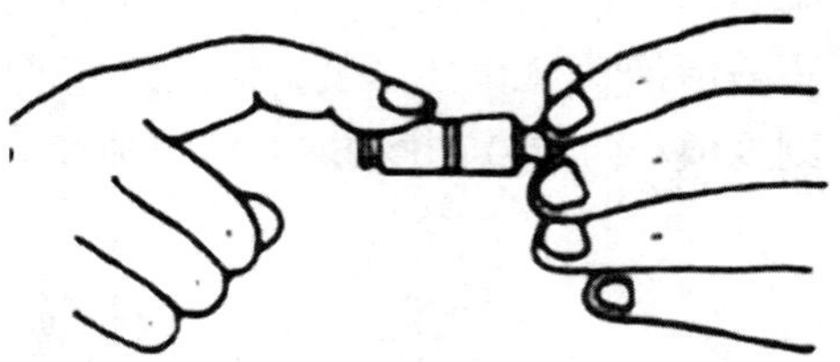

图 1-9　活塞涂凡士林

检漏：用自来水充满滴定管，将其放在滴定管架上垂直静置约 2 min，观察有无水滴漏下。然后将活塞旋转 180°，再如前检查，如果漏水，应重新涂油。若出口管被油脂堵塞，可将其插入热水中温热片刻，然后打开活塞，使管内的水突然流下，将软化的油脂冲出。油脂排除后即可关闭活塞。管内的自来水从管口倒出，出口管内的水打开活塞从下端放出（注意：从管口将水倒出时，务必不要打开活塞，否则活塞上的油脂会冲入滴定管，使内壁重新沾污）。然后用蒸馏水洗 3 次。第 1 次用 10 ml 左右，第 2 及第 3 次各 5 ml 左右。洗涤时，双手拿滴定管身两端无刻度处，边转动边倾斜滴定管，使水布满全管并轻轻振荡。然后直立，打开活塞将水放掉，同时冲洗出口管。也可将大部分水从管口倒出，再将余下的水从出口管放出。每次放掉水时应尽量不使水残留在管内。最后，将滴定管的外壁擦干。

润洗及排气泡：用操作溶液润洗滴定管，以去除滴定管内残留的水分，装入 2/3 左右体积的溶液，然后两手平端滴定管，缓慢转动，使溶液流遍全管，打开滴定管活塞，使溶液快速流出，重复操作 2～3 次即可。为使溶液充满出口管，在使用酸式滴定管时，右手拿滴定管上部无刻度处，并使滴定管倾斜约 30°，左手迅速打开活塞使溶液冲出（下面用烧杯盛接溶液，或到水池边使溶液流入水池中），这时出口管中应不再留有气泡。若气泡仍未能排出，可重复上述操作。如仍不能使溶液充满，可能是出口管未洗净，必须重洗。

2）碱式滴定管使用准备

①检漏：使用前应检查乳胶管和玻璃珠是否完好。若乳胶管已老化，玻璃珠过大（不易操作）或过小（漏水），应予更换。②清洗：碱式滴定管的洗涤方法和酸式滴定管相同。在需要用洗液洗涤时，可除去乳胶管，用塑料乳头堵住碱式滴定管下口进行洗涤。如必须用洗液浸泡，则将碱式滴定管倒夹在滴定管架上，管口插入洗液瓶中，乳胶管处连接抽气泵，用手捏玻璃珠处的乳胶管，吸取洗液，直至充满全管但不接触乳胶管，然后放开手，进行浸泡。浸泡完毕，轻轻捏乳胶管，将洗液缓慢放出。用自

来水冲洗或用蒸馏水清洗碱式滴定管时，应特别注意玻璃珠下方死角处的清洗。为此，在捏乳胶管时应不断改变方位，使玻璃珠的四周都洗到。③润洗及排气泡：装入操作溶液前，应将试剂瓶中的溶液摇匀，使凝结在瓶内壁上的水珠混入溶液，这在天气比较热、室温变化较大时更为必要。混匀后，将操作溶液直接倒入滴定管中，不得用其他容器（如烧杯、漏斗等）来转移。此时，左手前三指持滴定管上部无刻度处，并可稍微倾斜，右手拿住细口瓶往滴定管中倒溶液。小瓶可以手握瓶身（瓶签向手心），大瓶则仍放在桌上，手拿瓶颈使瓶慢慢倾斜，让溶液慢慢沿滴定管内壁流下。用摇匀的操作溶液将滴定管洗 3 次（第 1 次 10 ml，大部分可由上口放出，第 2、第 3 次各 5 ml，可以从出口放出，洗法同前）。应特别注意的是，一定要使操作溶液洗遍全部内壁，并使溶液接触管壁 1 ~ 2 min，以便与原来残留的溶液混合均匀。每次都要打开活塞冲洗出口管，并尽量放出残留液。对于碱式滴定管，应注意玻璃球下方的洗涤。最后，将操作溶液倒入，直到充满至零刻度以上为止。注意检查滴定管的出口管是否充满溶液，酸式滴定管出口管及活塞透明，容易看出（有时活塞孔暗藏着的气泡，需要从出口管快速放出溶液时才能看见），碱式滴定管则需对光检查乳胶管内及出口管内是否有气泡或有未充满溶液的地方。在使用碱式滴定管时，装满溶液后，右手拿滴定管上部无刻度处稍倾斜，左手拇指和示指拿住玻璃珠所在的位置并使乳胶管向上弯曲，出口管斜向上，然后在玻璃珠部位往一旁轻轻捏乳胶管，使溶液从出口管喷出（图 1-10）（下面用烧杯接溶液，同酸式滴定管排气泡），再一边捏乳胶管一边将乳胶管放直，注意当乳胶管放直后，再松开拇指和示指，否则出口管仍会有气泡。最后，将滴定管的外壁擦干。

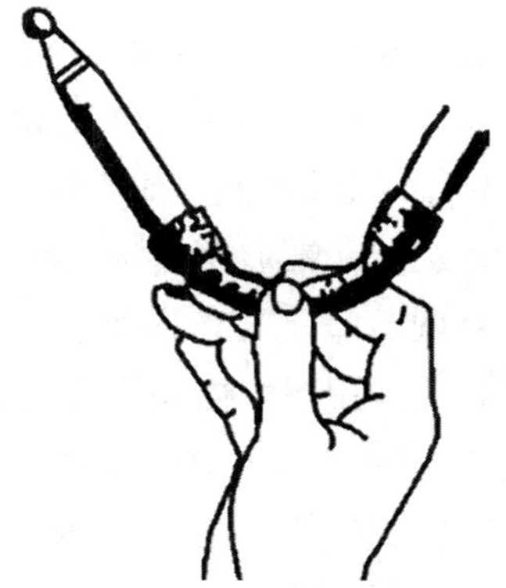

图 1-10　碱式滴定管排气泡法

3）滴定管的读数：读数时应遵循下列原则：①装满或放出溶液后，必须等 1 ~ 2 min，使附着在内壁的溶液流下来，再进行读数。如果放出溶液的速度较慢（例如，滴定到最后阶段，每次只加半滴溶液时），等 0.5 ~ 1 min 即可读数。每次读数前要检查一下管壁是否挂水珠，管尖是否有气泡。②读数时，滴定管可以夹在滴定管架上，也可以用手拿滴定管上部无刻度处。不管用哪一种方法读数，均应使滴定管保持垂直。③对于无色或浅色溶液，应读取弯月面下缘最低点，读数时，视线应与弯月面下缘最低点保持水平（图 1-11）；溶液颜色过深时，可读液面两侧的最高点。此时，视线应与该点呈水平。注意初读数与终读数采用同一标准。④必须读到小数点后第二位，即要求估计到 0.01 ml。注意，估计读数时，应该考虑到刻度线本身的宽度。⑤为了便于读数，可在滴定管后衬一黑白两色的读数卡。读数时，将读数卡衬在滴定管背后，使黑色部分在弯月面下 1 mm 左右，弯月面的反射层即全部成为黑

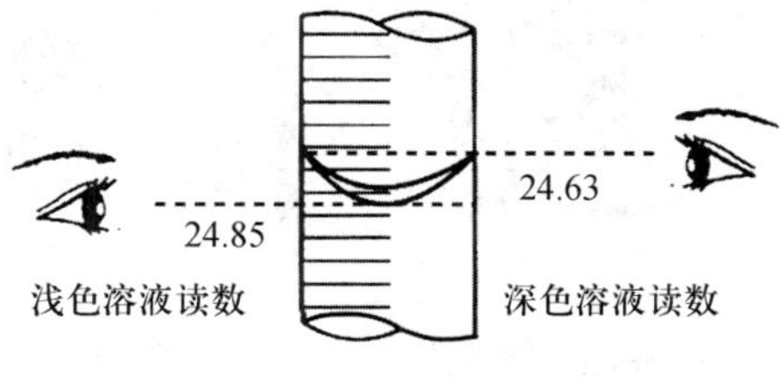

图 1-11　滴定管读数

色。读此黑色弯月下缘的最低点。但对深色溶液而需读两侧最高点时，可以用白色卡为背景。若为乳白板蓝线衬背滴定管，应当取蓝线上下两尖端相对点的位置读数。⑥读取初读数前，应将管尖悬挂着的溶液除去。滴定至终点时应立即关闭活塞，并注意不要使滴定管中的溶液有稍许流出，否则终读数便包括流出的半滴液。因此，在读取终读数前，应注意检查出口管尖是否悬挂液滴，如有，则此次读数不能取用。

4）滴定管的操作：进行滴定时，应将滴定管垂直地夹在滴定管架上。酸式滴定管操作：左手环指和小指向手心弯曲，轻轻地贴着出口管，用其余三指控制活塞的转动（图 1-12a）。但应注意不要向外拉活塞，以免拉出活塞造成漏水；也不要过分往里扣，以免造成活塞转动困难，不能旋转自如。碱式滴定管操作：左手环指及小指夹住出口管，拇指与示指在玻璃珠所在部位往一旁（左右均可）捏乳胶管，使滴定管中溶液从玻璃珠旁空隙处流出（图 1-12b）。

注意：①不要用力捏玻璃珠，也不能使玻璃珠上下移动；②不要捏到玻璃珠下部的乳胶管；③停止滴定时，应先松开拇指和示指，最后再松开环指和小指。

无论使用哪种滴定管，都必须掌握下面三种加液方法：①逐滴连续滴加；②只加 1 滴；③使液滴悬而未落，即加半滴。滴定操作可在锥形瓶和烧杯内进行，并以白瓷板作背景。在锥形瓶中滴定时，用右手前三指拿住锥形瓶瓶颈，使瓶底距瓷板 2 ~ 3 cm。同时调节滴定管的高度，使滴定管的下端伸入瓶口约 1 cm。左手按前述方法滴加溶液，右手运用腕力摇动锥形瓶，边滴加溶液边摇动（图 1-12c）。

滴定操作中应注意以下几点：①摇瓶时，应使溶液向同一方向作圆周运动（向左向右旋转均可），但勿使瓶口接触滴定管，溶液也不得溅出。②滴定时，左手不能离开活塞任其自流。③注意观察液滴落点周围溶液颜色的变化。④开始时，应边摇边滴，滴定速度可稍快，但不能使溶液流成“水线”。接近终点时，应改为加 1 滴，摇几下。最后，每加半滴溶液就摇动锥形瓶，直至锥形瓶中溶液出现明显的颜色变化。用酸式滴定管滴加半滴溶液时，微微转动活塞，使溶液悬挂在出口管尖上，形成半滴，用锥形瓶内壁将其沾落，再用洗瓶以少量蒸馏水冲洗瓶壁。用碱式滴定管滴加半滴溶液时，应先松开拇指和示指，将悬挂的半滴溶液沾在锥形瓶内壁上，再放开环指与小指。这

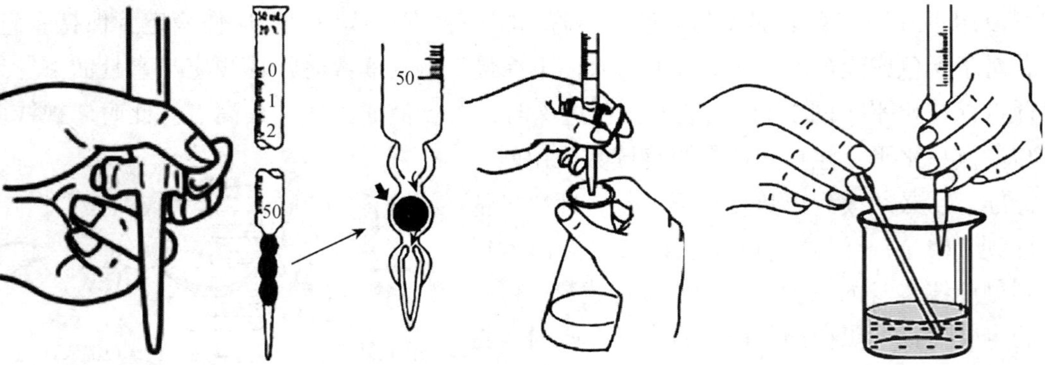

a. 酸式滴定管操作　b. 碱式滴定管操作　c. 锥形瓶中滴定　d. 烧杯中滴定

图 1–12　滴定管操作方法

样可以避免出口管尖出现气泡，使读数出现误差。⑤每次滴定最好都从 0.00 开始（或从零附近的某一固定刻度线开始），这样可以减小误差。在烧杯中进行滴定时，将烧杯放在白瓷板上，调节滴定管的高度，使滴定管下端伸入烧杯内 1 cm 左右。滴定管下端应位于烧杯中心的左后方，但不要靠壁过近。右手持搅拌棒在右前方搅拌溶液。在左手滴加溶液的同时（图 1-12d），搅拌棒应作圆周运动，但不得接触烧杯壁和底。当滴加半滴溶液时，用搅拌棒下端沾落悬挂的液滴，并在溶液中搅拌。注意，搅拌棒只能接触液滴，不能接触滴定管管尖。滴定结束后，滴定管内剩余的溶液应弃去，不得将其倒回原瓶，以免沾污整瓶操作溶液。随即洗净滴定管，并用蒸馏水充满全管，备用。

（4）容量瓶（volumetric flask）：是配制准确的一定物质的量浓度的溶液用的精确仪器（图 1-13）。它是一种带有磨口玻璃塞的细长颈、梨形的平底玻璃瓶，颈上有刻度。当瓶内体积在所指定温度下达到标线处时，其体积即为所标明的容积数，这种一般是量入的容量瓶。但也有刻两条标线的，上面一条标线表示量出的容积。容量瓶常和移液管配合使用，且有多种规格，小的有 5 ml、25 ml、50 ml、100 ml，大的有 250 ml、500 ml、1000 ml、2000 ml 等。它主要用于直接法配制标准溶液和准确稀释溶液以及制备样品溶液。

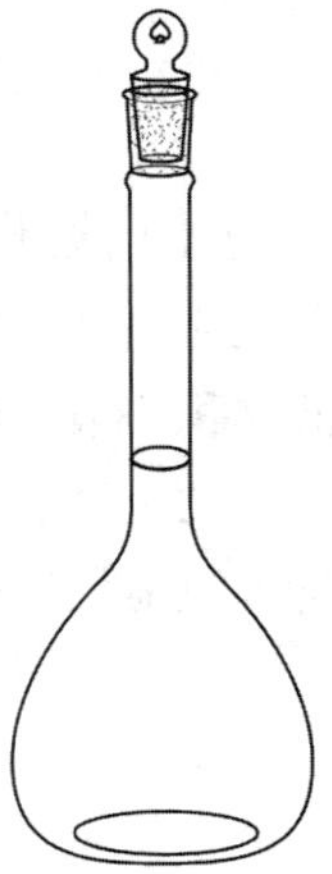
图 1-13　容量瓶

1）容量瓶使用前准备：在使用容量瓶之前，要先进行以下两项检查：①容量瓶容积与实验要求是否一致。②应检查瓶塞是否严密，不漏水。检漏操作：在瓶中加水到标线附近，塞紧瓶塞，使其倒立 2 min，用干滤纸片沿瓶口缝处检查，看有无水珠渗出。如果不漏，再把塞子旋转 180°，塞紧，倒置，试验此方向有无渗漏。

2）容量瓶配制溶液操作：用容量瓶配制标准溶液时，先将精确称重的试样放在小烧杯中，加入少量溶剂，搅拌使其溶解（若难溶，可盖上表面皿，稍加热，但必须放冷后才能转移）。沿搅拌棒用转移沉淀的操作将溶液定量地移入洗净的容量瓶中（图 1-14a），然后用洗瓶冲洗烧杯壁 2～3 次，按同法转入容量瓶中。当溶剂加到容量瓶 2/3 容积处以后，将容量瓶水平方向摇转几周（勿倒转），使溶液大体混匀。然后，把容量瓶平放在桌子上，慢慢加溶剂到距标线 2～3 cm，等待 1～2 min，使黏附在瓶颈内壁的溶液流下，再改用胶头滴管滴加，眼睛平视标线，加溶剂至溶液凹液面底部与标线相切。立即盖好瓶塞，用掌心顶住瓶塞，另一手的手指托住瓶底，注意不要用手掌握住瓶身，以免体温使液体膨胀，影响容积的准确性（对于容积小于 100 ml 的容量瓶，不必托住瓶底）。随后将容量瓶倒转，使气泡上升到顶，此时可将瓶振荡数次。再倒转过来，仍使气泡上升到顶。如此反复 10 次以上，才能混合均匀（图 1-14b）。

2. 容器

泛指用于盛放物质的玻璃仪器，常见的有烧杯、试管、烧瓶、试剂瓶、滴瓶、锥形瓶、蒸发皿等。

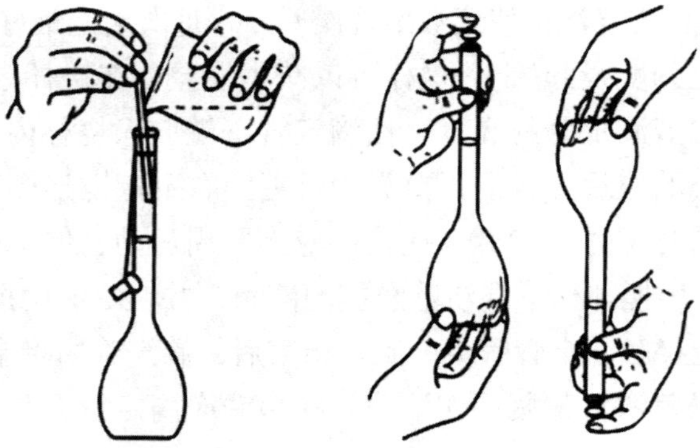

a. 转移溶液　　b. 摇匀溶液

图 1-14　容量瓶的使用

（1）烧杯（beaker）：见图 1-15。可用于常温或加热环境下大量试剂的反应、蒸发和配制液体。常用规格有 50 ml、100 ml、250 ml、500 ml、1000 ml 等。烧杯加热时溶液体积一般不超过其容积的 1/3，且要擦干外壁，并放在石棉网上。

（2）试管（test tube）：见图 1-16。可用于常温或加热环境下少量试剂的反应，试管加热应用试管夹，加热完成后不能骤冷，防止炸裂（图 1-16）。

图 1-15　烧杯

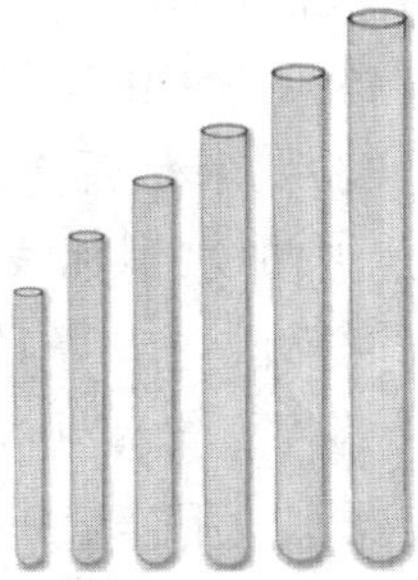

图 1-16　试管

（3）烧瓶（flask）：是一种有颈玻璃器皿，用来盛放液体物质，通常分为平底烧瓶和圆底烧瓶，两者均具有圆肚细颈的外观。平底烧瓶常用于室温下试剂的反应，圆底烧瓶则在较高温度下使用。圆底烧瓶使用时应固定在铁架台上，加热时隔石棉网且烧瓶夹应垫石棉绳或套橡皮管（图 1-17）。

（4）试剂瓶（reagent bottle）：用于储存液体试剂，规格有 30 ml、60 ml、150 ml、500 ml、1000 ml 等。试剂瓶不能加热，装碱性试剂应用橡皮塞，存放见光易分解的试剂用棕色瓶（图 1-18）。

（5）滴瓶（dropping bottle）：用于存放少量试剂，规格有 30 ml、60 ml 两种，滴管与滴瓶配套使用，存放见光易分解的试剂用棕色滴瓶（图 1-19）。

（6）锥形瓶（conical flask）：是一种纵剖面呈三角形的滴定反应器，口小底大，可在水浴中或电炉上加热，加热时注入的液体不超其容积的 1/2，应擦干外部，垫石棉网（图 1-20）。

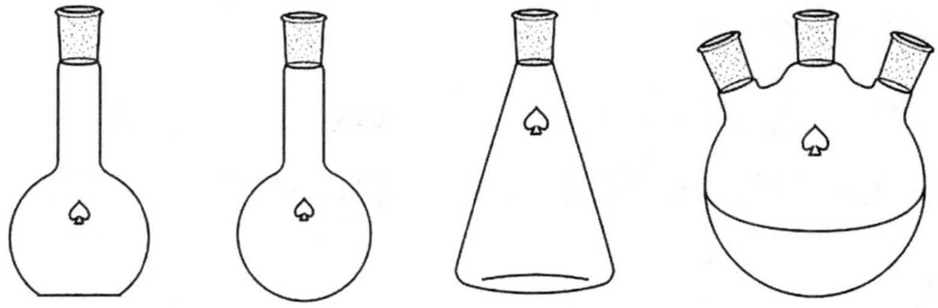

a. 平底烧瓶　b. 圆底烧瓶　c. 三角烧瓶　d. 三口烧瓶

图 1-17　烧瓶

（7）蒸发皿（evaporating dish）：是一种可用于蒸发、浓缩液体或干燥固体的器皿，材质有瓷、石英、铁、铂几种，规格有 20 ml、50 ml、100 ml、200 ml 等。蒸发皿可在三脚架上直接加热，也可垫石棉网或在水浴中间接加热，加热时需不断用玻璃棒搅拌。蒸发皿耐高温，但不宜骤冷（图 1-21）。

图 1-18　试剂瓶

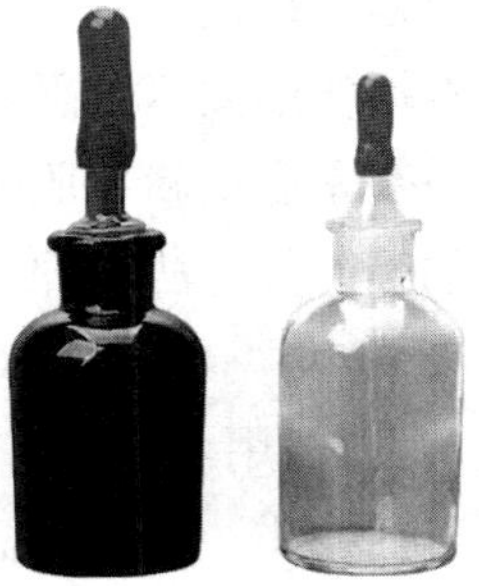

图 1-19　滴瓶

3. 滤器

滤器是指用于对液体或气体进行过滤的装置，包括压滤器、洗滤器、超滤器、沙滤器、膜滤器、粗滤器等。基础化学实验中常见的滤器有漏斗、抽滤瓶等。

（1）漏斗（funnel）：是一种筒形物体，常用的有普通漏斗（图 1-22a）、布氏漏斗（图 1-22b）、高压漏斗、长颈漏斗、分液漏斗和安全漏斗等，可在内部放滤纸用于过滤，也可通过漏斗向小口容器转移液体，漏斗不能直接加热。

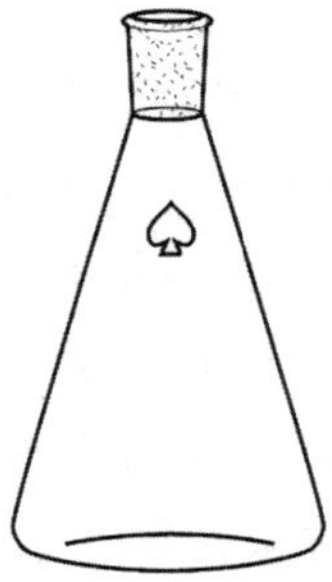

图 1-20　锥形瓶

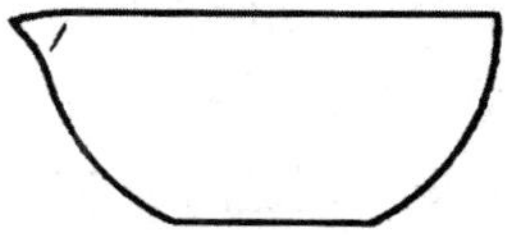

图 1-21　蒸发皿

（2）抽滤瓶（suction flask）：用于抽真空过滤，与布氏漏斗搭配使用（图 1-23）。

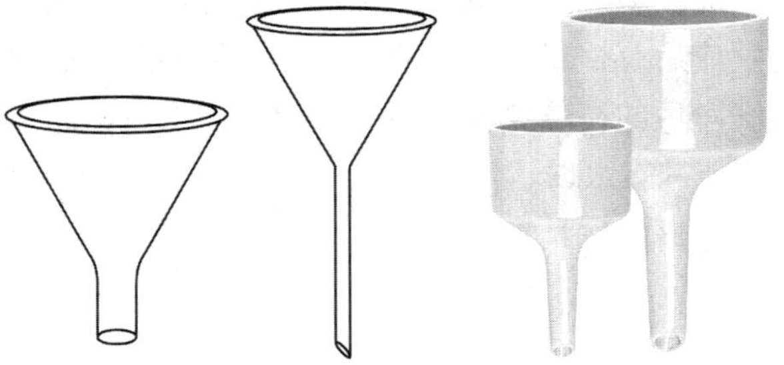

a. 普通漏斗　b. 布氏漏斗

图 1-22　漏斗

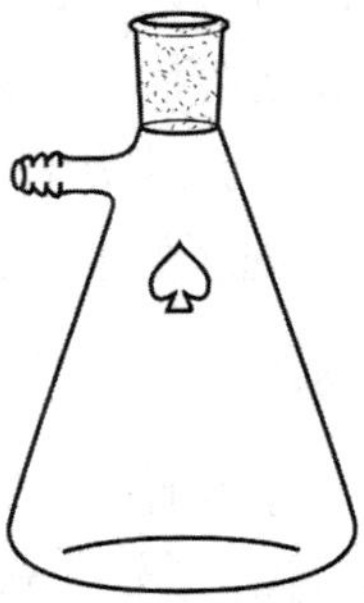

图 1-23　抽滤瓶

4. 其他类型玻璃仪器

还包括冷凝管、集气瓶、干燥瓶等。

（三）常用的玻璃仪器的洗涤、加热、干燥与冷却

1. 洗涤

基础化学实验中使用的玻璃仪器常黏附有化学药品，既有可溶性物质，也有灰尘和其他不溶性物质以及油污等。为了使实验得到正确的结果，实验所用的玻璃仪器必须是洁净的，有时还需要干燥，所以须对玻璃仪器进行洗涤和干燥，玻璃仪器的洗涤根据实验要求、污物性质和沾污的程度选用适宜的洗涤方法。化学实验室中常用的洗涤剂是肥皂粉、肥皂液（特制商品）、洗洁精、洗衣粉、去污粉、各种洗涤液和有机溶剂等。其方法有冲洗、刷洗及药剂洗涤等。

（1）一般污物的洗涤方法

1）用水刷洗：用毛刷刷洗仪器（从里到外），每次刷洗用水不必太多，可洗去可溶性物质、部分不溶性物质如尘土等，但不能除去油污等有机物质。

2）用去污粉、肥皂粉或洗洁精洗：用蘸有肥皂粉或洗洁精的毛刷刷洗，再用自来水冲洗干净，可除去油污等有机物。用上述方法不能洗涤的仪器或不便于用毛刷刷洗的仪器，如容量瓶、移液管等，若内壁黏附油污等物质，则可视其油污的程度，选择洗涤剂进行清洗，即先把肥皂粉或洗涤剂配成溶液，倒少量洗涤液于容器内振荡 5 min 或浸泡一段时间后，再用自来水冲洗干净。

3）用铬酸洗液洗涤：铬酸洗液是用重铬酸钾的饱和溶液和浓硫酸配制而成，具有极强的氧化性和酸性，能彻底除去油污等物质。但在使用时要注意不可溅在身上，以免灼伤皮肤和烧毁衣服。取用该洗液洗移液管时，只能用洗耳球吸取，千万不能用嘴吸取。用过的洗液应倒回原来密封的瓶中。

（2）特殊污物的洗涤方法：对于某些污物用通常的方法不能洗涤除去，则可通过化学反应将黏附在器壁上的物质转化为水溶性物质。例如，铁盐引起的黄色污物可加入稀盐酸或稀硝酸浸泡片刻即可除去；接触、盛放高锰酸钾后的容器可用草酸溶液清洗（沾在手上的高锰酸钾也可同样清洗）；沾在容器壁上的二氧化锰用浓盐酸处理使之溶解；沾有碘时，可用碘化钾溶液浸泡片刻，或加入稀的氢氧化钠溶液温热，或用硫代硫酸钠溶液也可除去，银镜反应后有银或铜附着时，可加入稀硝酸，必要时可稍微加热，以促进溶解。用自来水洗净后的玻璃仪器，还需要用蒸馏水或去离子水淋洗 2 ~ 3 次，洗净的玻璃仪器器壁上不能挂有水珠。

2. 加热

（1）常用加热仪器

1）酒精灯（图 1-24）：酒精灯一般是玻璃制的，由灯帽、灯芯、灯壶三部分组成。其灯焰温度通常可达 400 ~ 500℃，外焰温度最高，内焰温度次之，焰心温度最低。酒

精灯用于加热温度不需太高的实验，点燃时，切勿用点燃的酒精灯点燃另一只酒精灯；添加酒精时，必须将火焰熄灭，且加入的量不能超过灯壶容积的 2/3；熄灭酒精灯时必须用灯罩罩熄，切勿用嘴吹灭。

2）电炉（图 1-25）：电炉是一种用电热丝将电能转化为热能的装置。其温度高低可通过调节电阻来控制。使用时，容器和电炉之间要隔石棉网，以使受热均匀。

图 1-24　酒精灯

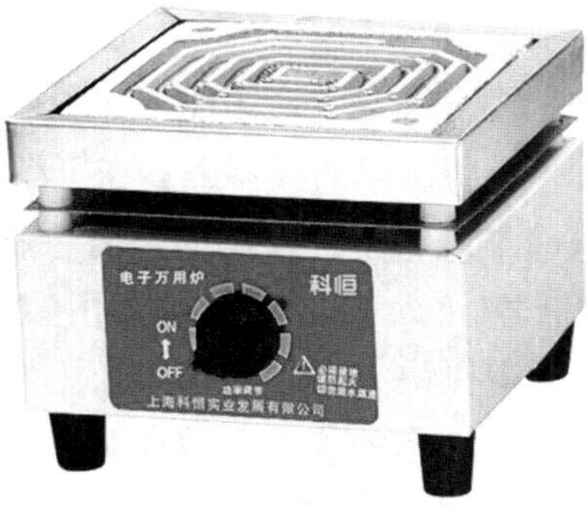

图 1-25　电炉

3）电热恒温水浴锅：电热恒温水浴锅有两孔、四孔、六孔等不同规格。其构造分内外两层。内层用铝板制成，外壳用薄钢板制成，表面烤漆覆盖；槽底安装铜管，内装电炉丝用瓷接线柱联通双股导线至控制器；控制器表面有电源开关、调温旋钮和指示灯；水浴锅左下侧有放水阀门，后上侧可插温度计，外形如图 1-26。水浴锅恒温范围为 37 ~ 100℃，电源电压为 220 V，用作蒸发和恒温加热。使用时，切记水位一定不得低于电热管，否则将烧坏电热管。注意防潮，且随时检查水浴锅是否有渗漏现象。

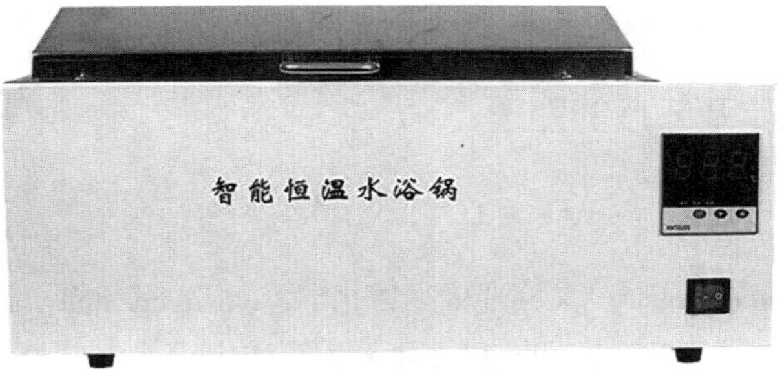

图 1-26　电热恒温水浴锅

（2）几种加热方法

1）直接加热：在较高温下不易分解的溶液或纯液体可装在烧杯、烧瓶中放在石棉网上直接加热。

2）水浴加热：适用于沸点低于 80℃的易挥发、易燃有机液体的加热。当被加热物要求受热均匀，而温度又不能超过 100℃时，用水浴加热。加热温度在 90℃以下时，可将盛物容器部分浸在水浴中。

3）油浴、砂浴加热：油浴常用于沸点80℃以上的有机液体的加热，油浴传热均匀，温度容易控制，常用作减压蒸馏、分馏和高温反应的热源，实验室常用的导热油有甘油（140～150℃）、聚乙二醇（150～200℃）、石蜡油（200℃左右）、硅油（250℃左右）。砂浴是将细砂装在铁盘内，被加热的器皿埋在细砂中，用煤气灯加热。因此，若需加热至100～250℃的温度，可用油浴；而需加热到更高温度时，可用砂浴。

3. 干燥

玻璃仪器的干燥方法有下列几种。

（1）倒置晾干：将洗净的仪器倒置在干净的仪器架上或仪器柜内自然晾干。

（2）热（或冷）风吹干：仪器如急需干燥，则可用吹风机吹干。对一些不能耐热的容量器皿可用吹风干燥。如果吹风前用乙醇、乙醚、丙酮等易挥发的水溶性有机溶剂冲洗一下，则干得更快。

（3）加热烘干：洗净的仪器可放在烘箱内烘干。烘干温度一般控制在105℃左右，仪器放进烘箱前应尽量把水倒净。能加热的仪器如烧杯、试管也可直接用小火加热烘干。加热前，要把仪器外壁的水擦干，加热时，仪器口要略向下倾斜。

4. 冷却

冷却是指使热物体的温度降低而不发生相变化的过程，一般在化学反应中，常会产生大量的热，如果不加以控制，可能会导致反应产物蒸发、发生副反应，甚至发生冲料和爆炸事故等。而冷却操作只要具备合适的冷却剂，便可获得想要的低温，一般是将装有反应物的容器浸入冷却剂中。冷却剂的选择应根据所需冷却的温度进行选择，常用的有冰水（适用于冷却至0℃）、冰盐（适用于冷却至0℃以下）、干冰（可冷却至–78℃）、液氮（可冷却至–196℃）等；此外，还可用低温冷却液循环泵、低温恒温搅拌反应浴室、低温恒温槽等。

（四）绿色化学及三废的处理

1. 绿色化学

绿色化学（green chemistry）又称环境无害化学（environmentally benign chemistry）、环境友好化学（environmentally friendly chemistry）、清洁化学（clean chemistry）。

绿色化学是20世纪90年代出现的一个多学科交叉的研究领域。它可以诠释为环境友好化学，其核心内涵是反应过程和化工生产中，尽量减少或彻底消除使用和生产有害物质。“绿色化学”的口号最早产生于美国。1990年，美国通过了一个《污染防治法案》。1991年后，“绿色化学”由美国化学会（ACS）提出并成为美国环保署（EPA）的中心口号。经过十多年的研究和探索，绿色化学的研究者们总结出了绿色化学的12条原则，这些原则可作为实验化学家开发和评估一条合成路线、一个生产过程、一个化合物是不是绿色的指导方针和标准。

（1）防止污染而不是污染后再进行处理。

（2）最大限度地利用资源。

（3）尽可能使反应中使用和生成的物质无毒或毒性很小。

（4）设计化学产品时应尽量保持其功效，同时降低其毒性。

（5）尽量不用辅助剂，必须使用时应使用无毒物质。

（6）合成方法必须考虑过程中能耗对成本与环境的影响，最好采用在常温常压下的合成方法。

（7）在技术可行和经济合理的前提下，采用可再生资源代替消耗性资源。

（8）尽量避免不必要的衍生步骤。

（9）合成方法中采用高选择性的催化剂比使用化学计量试剂更好。

（10）化学品应设计成使用后容易降解为无害物质的类型。

（11）分析方法应能实现在线监测，应在有害物质形成前加以控制。

（12）化工生产过程中物质的选择与使用应考虑使化学事故的隐患最小。

这 12 条原则目前为国际化学界所公认，它也反映了近年来在绿色化学领域中所开展的多方面的研究工作内容，同时也指明了未来发展绿色化学的方向。

2. 化学实验室“三废”及其处理

（1）化学实验室“三废”：现在众多高校、科研单位的化学实验室每天都在排放着各类复杂的污染物，大都未经严格处理便排入了城市下水管道，实验室成了一个不容忽视的污染源。实验室通常需要排放的废弃物，包括废水、废气、废渣，也称为实验室“三废”。实验室“三废”的直接排放不仅仅是浪费资源，更重要的是会污染江河、湖泊、水库等地表水体，破坏生态平衡，对环境造成危害，影响人体健康。而且“三废”中的贵重或有用成分未能回收，在经济上也是损失。消除“三废”污染，保护和改善实验室环境，既关系到人身安全与健康，又关系到保护环境，提高经济效益和社会效益，因此实验室“三废”的处理是很重要、很有意义的事情。此外，本着保护环境、绿色化学的基本原则，化学实验应尽量选择对环境没有污染的实验项目。

化学实验室“三废”所含成分主要有含硫化合物、含氮化合物、氧化物、重金属、粉尘等。

含硫化合物：主要成分是 SO_2、SO_3、H_2S、H_2SO_4 等。含硫化合物会使人嗓子变哑、喘息、失去知觉；会造成酸雨，毁坏农作物、森林，腐蚀建筑物，同时污染水源和土壤，对动植物危害最为严重。

含氮化合物：主要含 NO、NO_2、NH_3 等，NO 会与血红素结合成硝基血红素，引起人和动物的中毒；NO_2 会刺激呼吸系统，引起支气管炎等呼吸道疾病；NO 和 NO_2 与烷烃类经太阳照射产生光化学反应使人中毒。

粉尘：主要成分是碳粒尘埃、PbO_2、ZnO 等各种微粒，可导致矽肺、呼吸道疾病，携带传染病的媒介，还可作为催化剂，生成新的有害物质。

（2）化学实验室“三废”的处理：化学实验室大多数废气、废液、废渣都是有毒物质，其中还有些是剧毒物质和致癌物质，如果直接排放，就会污染环境，损害人体健康。所以必须经过适当的处理后才能排放。我们应坚持“预防为主、治理为辅、防治结合”的方针，从化学实验室“三废”污染的源头就采取措施及时处理，将会对环境的保护起到事半功倍的效果。

1）化学实验室的废气：化学实验室所产生的废气主要有CO、CO_2、SO_2、氮氧化物（NO_X）、光化学氧化剂（O_3）等。实验中凡可能产生少量有毒气体的实验都应在通风橱内进行，通过排风设备将少量有毒气体排到室外，使排出气体在室外大量空气中稀释，以免污染室内空气。产生毒气量大的实验，为了防止废气污染实验室环境，应在废气排放口采取相应的净化措施。方法有：冷凝法、燃烧法、吸收法、吸附法、催化法、过滤法等。如二氧化氮、二氧化硫、硫化氢、氯气、氟化氢等可用导管通入碱液中，使其大部分被吸收后排出。一氧化碳可点燃转化成二氧化碳后排出。

2）化学实验室的废液：化学实验室所产生的废弃物主要以废液为主，但废液种类繁多，组成变化大，实验室废液主要有含铬废液、含砷废液、酸性废液、碱性废液、有机废液等。应根据废液的性质分别净化处理。净化处理就是用各种方法将废液中所含的污染物质分离出来，或将其转化为无害物质，从而使废液得以净化。处理方法主要有：物理法（沉淀、过滤、离心分离、浮选、机械阻留、隔油、萃取、蒸发结晶、反渗透等）、化学法（混凝沉淀、酸碱中和、氧化还原、电解、吸附消毒等）及生物法（活性污泥法、生物膜法、生物氧化法、污水灌溉等）等。常见废液的处理方法如下。

①处理少量一般废液最简单的方法是用大量自来水稀释后排放，但稀释前应根据污物排放最高允许浓度以及废物的量，估算用水稀释的倍数，以免稀释度不够使污物排放超标，或过量稀释造成水的浪费。

②废酸桶中废酸液可先用玻璃纤维或耐酸塑料网纱过滤，滤液加适量碱中和，调pH至6～8后就可排出。过滤的少量滤渣集中分类存放，统一处理。

③氰化物是剧毒物质，大量的含氰废液可用碱性氯化法处理，先用氢氧化钠将废液调至pH＞10，再加入漂白粉，漂白粉中的次氯酸钠使CN^-氧化成氰酸盐，并进一步分解为二氧化碳和氮气。少量的含氰废液，可先加氢氧化钠调至pH＞10后再加入几克高锰酸钾使CN^-氧化分解。

④金属汞易挥发，并可通过呼吸道进入人体，逐渐积累会引起慢性中毒。因此，做金属汞的实验应特别小心，不得把金属汞洒落在桌上或地上。一旦不小心洒落，必须尽可能收集起来，并用硫磺粉盖在洒落的地方，使金属汞转化为不挥发的硫化汞沉淀。

对于含汞盐的废液应先调pH至8～10，然后加适当过量的硫化钠生成硫化汞沉淀，并同时加入硫酸亚铁，生成的硫化亚铁沉淀吸附硫化汞共沉淀，离心分离再过滤。若清液中汞含量降到0.02 mg·L^{-1}以下，可排放。过滤后的大量残渣可用焙烧法回收汞，但要注意一定要在通风橱内进行。少量残渣，集中分类存放，统一处理。

⑤含重金属离子的废液，最经济和最有效的处理方法是加硫化钠或加碱把重金属离子变成难溶性的硫化物或氢氧化物沉淀，然后过滤分离，过滤后的少量残渣集中分类存放，统一处理。

⑥如果有机溶剂废液量较大，有回收价值的溶剂应回收使用，如柱层析中使用的溶剂乙醇可以回收利用。无回收价值的少量废液可用水稀释排放。若废液量较大，按环保要求回收，易燃烧的可用焚烧法处理；不易燃烧的有机溶剂，可用易燃溶剂稀释后再焚烧。

⑦废铬酸洗液可以用高锰酸钾氧化法使其再生后重复使用。少量的废铬酸洗液可加入废碱液或石灰使其生成氢氧化铬（Ⅲ）沉淀，集中存放，统一处理。

切记：剩余的有毒药品废液不能随便倒入下水道，应倒入废液桶或指定的容器里。实验后所有药品不得携带出实验室外。用剩的有毒药品应及时交还给老师。

3）化学实验室的废渣：化学实验室所产生的废渣多为固体实验生成物，当然也有某些原材料以及废纸、火柴梗、破碎玻璃仪器等杂物。实验室的废渣应先按一定类别分类存放，例如将危险废渣和一般废渣分开，可回收利用的物质和不可回收利用的物质分开，可燃烧的与不可燃烧的物质分开。然后按其类别、性质和要求统一处理。一般处理方法如下。

①实验中出现的废纸、火柴梗、破碎玻璃仪器等杂物，不允许学生随便丢弃，要求学生按指定的地方收集，统一倒掉。

②在有条件的情况下，经过处理或浓缩的有害废渣要分类存放在贴有标签的固定容器中，定期交给专门处理废弃化学物品的专业公司，按照国家规定处理。对于放射性废弃物的处理方法也应根据有关部门的规定，将放射性废弃物装入特制的金属箱（如铅罐）或钢筋混凝土箱内，深埋在特定埋藏点。

③在不具备专业公司处理的条件下，少量废渣也必须在远离水源和人口聚集区域深埋，不允许随意丢弃或掩埋。对于可燃烧的物质可以焚烧、堆肥等。

（3）实验室“三废”的回收利用：在化学实验室，我们可以利用基本的化学原理、简单的试剂和普通的仪器，用简便的方法对不同种类的废弃物进行处理并回收利用。

1）实验室常用的铬酸洗液，反复使用至溶液变成绿色就失效了。可以用高锰酸钾氧化法使其再生后使用，氧化方法：先在 110～130℃不断搅拌下加热，浓缩除去水分后，冷却至室温。缓缓加入高锰酸钾粉末，每 1000 ml 洗液加入 10 g 左右高锰酸钾粉末，边加边搅拌，直至溶液刚好呈微紫色或深褐色为止。然后加热至有三氧化硫出现时停止加热，稍冷，通过玻璃砂芯漏斗过滤，除去沉淀。冷却后析出红色三氧化铬沉淀，可再加适量浓硫酸使其溶解后即可使用。

2）在配制溶液实验中，学生配制的溶液未用完的，可保存供以后实验使用。

3）钠汞齐和水反应后的汞可回收利用。

4）学生实验中制得的硫酸铜晶体、硫酸亚铁铵晶体可回收利用。

5）实验中用过的锌粒、铜片、锌片、铝片，只要用水漂洗干净、烘干后可重复使用。

6）硝酸铅、硝酸银热分解固体产物，加硝酸可制成相应的硝酸盐溶液，可以供以后实验使用。

（五）化学试剂的取用和存放

1. 化学试剂的等级

关于化学试剂等级的划分，各国不一致。我国常用试剂等级的划分见表 1-3。

表 1-3 常用试剂等级划分

	优级纯 GR	分析纯 AR	化学纯 CP	实验试剂 LR
等级	一级品（Ⅰ）	二级品（Ⅱ）	三级品（Ⅲ）	四级品（Ⅳ）
标志	绿色标签	红色标签	蓝色标签	黄色标签
用途	精密的分析工作和科研工作	一般分析工作和科研工作	厂矿的日常控制分析和教学实验	实验中的辅助试剂和制备原料

除上述四个等级外，还根据特殊需要而定出相应的纯度规格，如供光谱分析用的光谱纯，供核试验及其分析用的核纯等。

对于不同的试剂，各种等级要求的标准不同。但总的来说，优级纯试剂杂质含量最低，实验试剂杂质含量较高。应根据实际工作的需要选用适当等级的试剂，既满足工作要求，又符合节约原则。

2. 化学试剂的取用

实验室里药品多数是易燃、易爆、有腐蚀性或者有毒的，因此使用应严格遵守有关规定和操作流程，保证安全。使用时，不能用手直接接触药品，也不能用鼻直接凑近试剂瓶口嗅闻，更不能品尝任何药品。应按需取用，如果没有说明用量，一般按照最少量取用。

（1）固体试剂的取用：要用清洁、干燥的药勺取用。药勺最好专勺专用，否则必须擦拭干净后方可取另一种试剂。多取的试剂不能倒回原瓶，可放在指定的位置供他人使用。一般的固体试剂可放在干燥的纸上称量，具有腐蚀性或易潮解的试剂应放在表面皿或玻璃容器内称量，固体颗粒较大时，可在清洁干燥的研钵中研碎。有毒试剂要在教师指导下取用。往试管中加入固体试剂时，应用药勺或干净的对折纸片装上试剂后伸进试管约 2/3 处；加入块状固体时，应将试管倾斜，使其沿管壁慢慢滑下，以免碰破管底。

（2）液体试剂的取用

1）从试剂瓶中取出液体试剂，用倾注法。取下瓶盖仰放桌面，手握住试剂瓶上贴标签的一面，倾斜瓶子，让试剂慢慢倒出，沿着洁净的试管壁流入试管或沿洁净的玻璃棒注入烧杯中，然后将试剂瓶边缘在容器壁上靠一下，再加盖放回原处（图 1-27）。

2）从滴瓶中取用液体试剂，要用滴瓶中的滴管。使用时，提出滴管，使管口离开液面，用手指紧捏滴管上部胶头，赶出空气，然后伸入滴瓶中，松开手指，吸入试剂。若用滴管从试剂瓶中取少量试剂，则需用附置于试剂瓶旁的专用滴管取用。将试剂滴入试管中时，必须将其悬空靠近试管口的上方，然后挤捏胶头，使试剂滴入试管中。不得将滴管伸入试管中（图 1-28）。

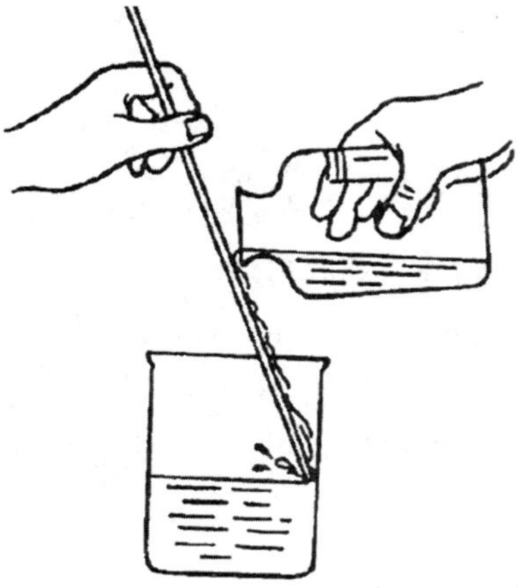

图 1-27　从试剂瓶中取出液体试剂

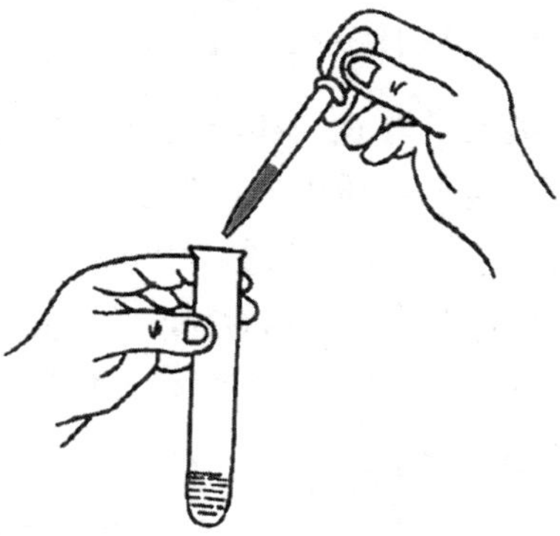

图 1-28　将液体试剂滴入试管

3）定量取用液体试剂时，用量筒或移液管。多取的试剂不能倒回原瓶。

3. 化学试剂的存放

化学实验室试剂复杂多样，应该建立规范的存放管理制度，包括台账管理、存放的通用要求、分类存放要求、存量限制、大包装化学品储罐风险控制、规范试剂标签、过期存放等。

（1）台账管理：实验室应该有化学试剂的动态使用台账，建立实验室的危险化学品目录，并有危险化学品安全技术说明书或者安全告知卡，方便查阅。

（2）存放的通用要求：实验室应有专用于存放试剂的空间（储藏室、储存区、储存柜等），应通风、隔热、避光、安全；有机溶剂储存区应远离热源和火源；易泄露、易挥发的试剂保证充足的通风；储存柜中不能有电源插座或者接线板；试剂不得叠放，装有试剂的试剂瓶不得开口放置；实验台架无挡板不得存放化学试剂。

（3）分类存放要求：化学品有序分类存放；配备必要的二次泄漏防护、吸附或防溢流功能；配伍禁忌化学品不得混存；固体、液体试剂不混乱放置。

（4）存量限制：实验室存放的危险化学品总量原则上不应超过 100 L 或者 100 kg，其中易燃易爆性化学品的存放总量不应超过 50 L 或者 50 kg，且单一包装容器不应大于 20 L 或者 20 kg。

（5）大包装化学品储罐风险控制：如单个实验装置存放 10 L 以上的甲类物质储罐，或 20 L 以上乙类物质储罐，或者 50 L 以上丙类物质储罐，需加装泄露报警及通风联动装置。

（6）规范试剂标签：化学品包装物上应有符合规定的化学品标签；当化学品由原包装物转移或分装到其他包装物内时，转移或分装后的包装物应及时重新粘贴标签。化学品标签脱落、模糊、被腐蚀后应及时补上，如不能确认，则以废弃化学品处置。

（7）过期存放：实验室应定期清理过期试剂，无累积现象。

（六）常用仪器及其基本操作

1. 离心机的使用

（1）离心的原理：离心是分离物质的重要手段，其原理是利用离心力，分离混合物中不同密度的物质成分。离心机的转速一般用转或者离心力表示，离心机转子每分钟转动的圈数称为转速，通常用 n 表示，单位为 rpm（revolutions per minute）或者 r/min（转 / 分）。离心力又称相对离心力（relative centrifugal force，RCF），通常用重力加速度（g）的倍数表示，离心力的大小决定于离心转头的角速度和颗粒与离心轴的距离，离心力和离心转速的换算方式表示为：

$$\mathrm{RCF}=1.118\times10^{-5}\times n^{2}\times r$$

式中，r 表示离心半径，单位为 cm。

（2）离心机的使用：离心机根据转速不同，可以分为低速离心机（转速低于 6000 r/min）、高速离心机（转速 6000 ~ 30 000 r/min）、超速离心机（转速高于 30 000 r/min）。也可根据使用温度，分为冷冻离心机和普通离心机。

普通离心机的使用方法：接通电源，对称平衡放置离心管，按“▲”或者“▼”调节离心机的转速和时间，盖上离心机，点击“开始”键，离心开始，使用完毕，擦干离心机，打开仪器盖子，做好使用记录（图 1-29）。

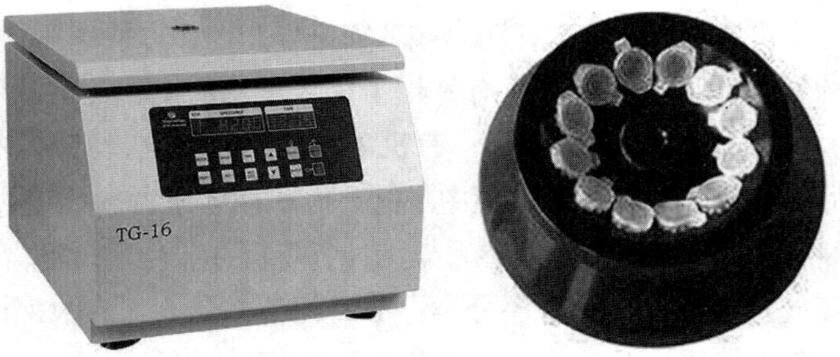

a. 离心机外观　　b. 离心机转头

图 1-29　离心机

2. 天平

（1）天平的种类：天平可根据结构和精度进行分类。天平按结构特点可分为机械天平和电子天平。机械天平可以分为等臂和不等臂两类。等臂和不等臂天平又可分为等臂单盘天平、等臂双盘天平及不等臂单盘天平。单盘天平一般均具有光学读数、机械加减码和阻尼等装置。双盘天平又分为普通标牌天平和微分标牌天平，有阻尼器天平和无阻尼器天平。在具有普通标牌的天平中，无阻尼器的天平称为摆幅天平（或摇摆天平或摆动天平等)，有阻尼器的天平称为阻尼天平。具有微分标牌的天平一般均有阻尼器和光学读数装置。

天平按精度通常分为 10 级。一级天平精度最好，十级最差。在常量分析中，使用最多的是最大载荷为 100 ~ 200 g 的分析天平，属于三、四级(图 1-30)。在微量分析中，常用最大载荷为 20 ~ 30 g 的一至三级天平。

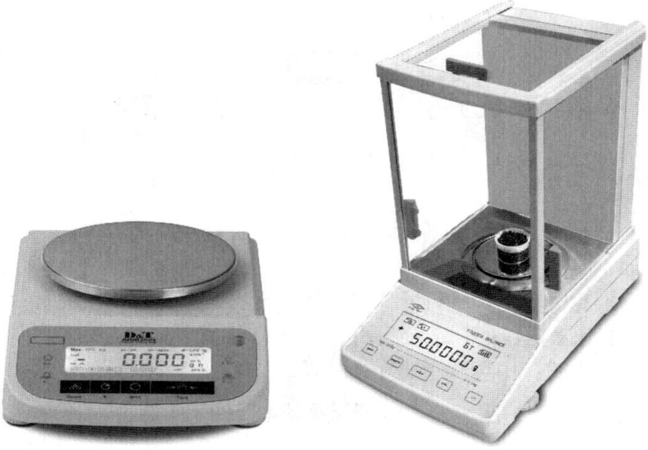

a. 普通电子天平　　b. 分析天平

图 1-30　实验常用天平类型

(2)电子天平：电子天平是目前常用的一类天平，它是利用电子装置完成电磁力补偿的调节，使物体在重力场中实现力的平衡，或通过电磁力矩的调节，使物体在重力场中实现力矩的平衡。自动调零、自动校准、自动去皮和自动显示称量结果是电子天平最基本的功能。这里的“自动”，严格地说应该是“半自动”，因为需要经人工触动指令键后方可自动完成指定的动作。

基本结构及称量原理：随着现代科学技术的不断发展，电子天平产品的结构设计不断改进和提高，向着功能多、平衡快、体积小、重量轻和操作简便的趋势发展。但就其基本结构和称量原理而言，各种型号的电子天平都是大同小异的。常见电子天平的结构是机电结合式，核心部分是由载荷接受与传递装置、测量及补偿控制装置两部分组成。常见电子天平的基本结构见图 1-31。

载荷接受与传递装置由称量盘、盘支承、平行导杆等部件组成，它是接受被称物体和传递载荷的机械部件。平行导杆是由上下两个三角形导向杆形成一个空间的平行四边形(从侧面看)结构，以维持称量盘在载荷改变时进行垂直运动，并可避免称量盘倾倒。

测量及补偿控制装置是对载荷进行测量，并通过传感器、转换器及相应的电路进行补偿和控制的部件单元。该装置是机电结合式，既有机械部分，又有电子部分，包括示位器(图 1-31 中 7 ~ 9)、补偿线圈、电力转换器的永久磁铁，以及控制电路等部分。

电子装置能记忆加载前示位器的平衡位置。所谓自动调零，就是能记忆和识别预

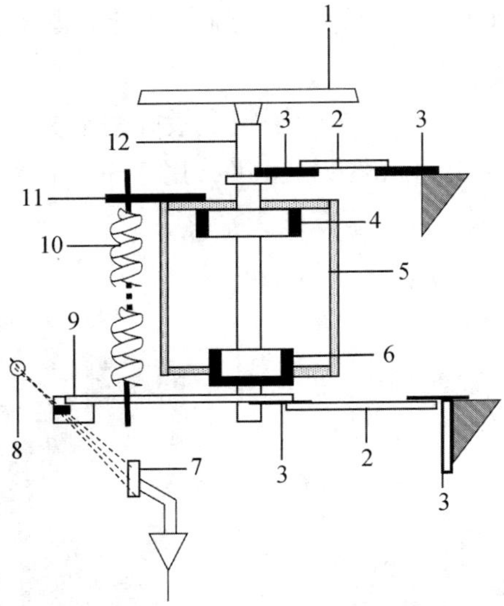

1- 称量盘；2- 平行导杆；3- 挠性支承簧片；4- 线性绕组；
5- 永久磁铁；6- 载流线圈；7- 接受二极管；8- 发光二极管；
9- 光阑；10- 预载弹簧；11- 双金属片；12- 盘支承。

图 1-31　电子天平基本结构示意图

先调定的平衡位置，并能自动保持这一位置。称量盘上载荷的任何变化都会被示位器察觉并立即向控制单元发出信号。当称盘上加载后，示位器发生位移并导致补偿线圈接通电流，线圈内就产生垂直的力，这种作用于称量盘上的外力，使示位器准确地回到原来的平衡位置。载荷越大，线圈中通过电流的时间越长，通过电流的时间间隔是由通过平衡位置扫描的可变增益放大器来调节的，而且这种时间间隔直接与称盘上所加载荷成正比。整个称量过程均由微处理器进行计算和调控。当称盘上加载后，即接通了补偿线圈的电流，计算器就开始计算冲击脉冲，达到平衡后，就自动显示出载荷的质量值。

目前的电子天平多数为上皿式（即顶部加载式），悬盘式很少见，内校式（标准砝码预装在天平内，触动校准键后由马达自动加码并进行校准）多于外校式（附带标准砝码，校准时夹到称盘上），使用非常方便。

自动校准的基本原理：当人工给出校准指令后，天平便自动对标准砝码进行测量，而后微处理器将标准砝码的测量值与存储的理论值（标准值）进行比较，并计算出相应的修正系数，存于计算器中，直至再次进行校准时方可改变。

（3）BP210S 型电子天平的使用方法：BP210S 型电子天平（图 1-32）是多功能、上皿式常量分析天平，感量为 0.1 mg，最大载荷为 210 g，其显示屏和控制板见图 1-33。

一般情况下，只需要用开 / 关键、去皮键和置零键。使用时的操作步骤如下：①通电源，屏幕右上角显出一个“0”，预热 30 min 以上。②检查水平仪，如不水平，应通过调节天平前边左、右两个水平支脚而使其达到水平状态。③按一下“开 / 关”键，显示屏很快出现“0.0000”。④如果显示不是“0.0000”，则要按一下“TARE”键。⑤将

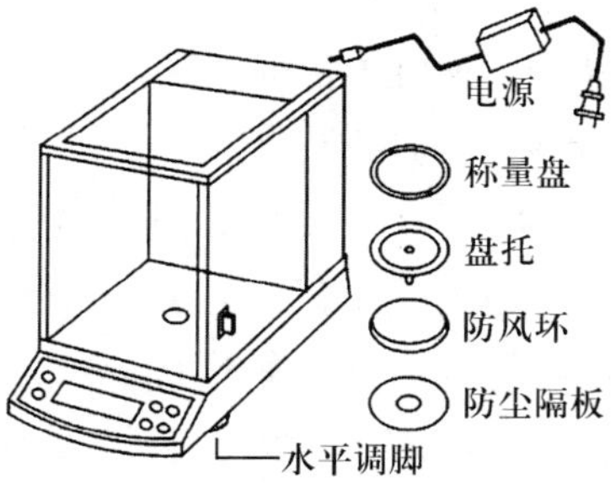

图 1-32　BP210S 型电子天平外形

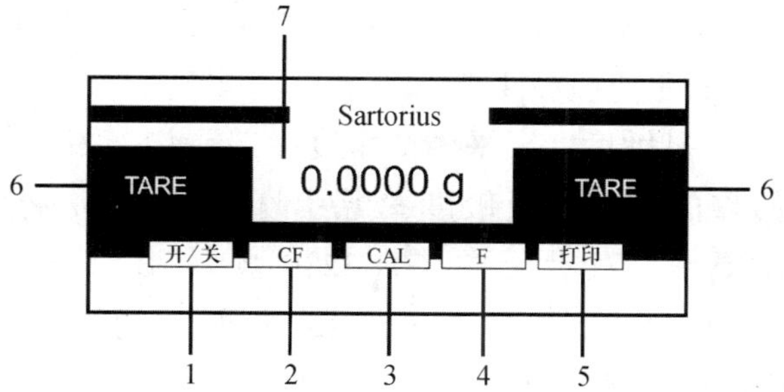

1- 开 / 关键；2- 清除键（CF）；3- 校准键（CAL）；4- 功能键（F）；5- 打印键；6- 去皮 / 置零键（TARE）；7- 质量显示屏。

图 1-33　BP210S 型电子天平显示屏及控制板

被称物轻轻放在称量盘上，这时可见显示屏上的数字在不断变化，待数字稳定并出现质量单位“g”后，即可读数，并记录称量结果。⑥称量完毕，取下被称物，如果短时间内还要继续使用天平，可暂不按“开 / 关”键，天平将自动保持“0.0000”位，或者按一下“开 / 关”键（但不可拔下电源插头），让天平处于待命状态，即显示屏上数字消失，左下角出现一个“0”，再次称样时按一下“开 / 关”键即可使用。如果较长时间（半天以上）不再用天平，应拔下电源插头，盖上防尘罩。⑦如果天平长时间没有使用，或天平移动位置，应进行一次校准。校准要在天平通电预热 30 min 以后进行，程序是：调整水平，按下“开 / 关”键，显示稳定后如不为“0.0000”则按一下“TARE”键，稳定地显示“0.0000”后，按一下校准键（CAL），天平将自动进行校准。10 s 左右，“CAL”消失，表示校准完毕，应显示出“0.0000”。如果显示不为零，可按一下“TARE”键，然后即可进行称量。

（4）称量方法：用电子天平进行称量，主要特点是快捷。下面介绍几种最常用的称量方法，根据不同的称量对象，采用相应的称量方法。

1）直接法：天平零点调定后，将被称物直接放在称量盘上，所得读数即被称物的质量。这种称量方法适用于洁净干燥的器皿、棒状或块状的金属等。注意不得用手直接取放被称物，可采用戴手套、垫纸条、用镊子等合适的方法。

2）增量法：将干燥的小容器轻轻放在天平称量盘上，待显示平衡后按“去皮”键扣除皮重并显示“0”，然后打开天平门往容器中缓慢加入试样并观察屏幕，当达到所需质量时停止加样，关上天平门，显示平衡后即可记录所称取试样的净重。采用此法进行称重，最能体现电子天平称量快捷的优越性。

3）减量法：相对于上述增量法而言，减量法是以天平上的容器内试样量的减少值为称量结果。当用不干燥的容器称取样品时，不能用上述增量法。为了节省时间，可采用此法。用称量瓶中加入试样后放在电子天平的称量盘上，显示稳定后，按一下“置零”键使显示为“0”，然后取出称量瓶向容器中敲出一定量样品，再将称量瓶放在天平上称量，如果所示重量达到要求，即可记录称量结果。若需连续称取第二份试样，则再按一下“置零”键，显示为“0”后向第二个容器中转移试样。

（5）天平的性能：天平作为精密的衡量仪器，必须具有适当的灵敏度、稳定性、准确性和不变性等性能。

1）灵敏度：天平的灵敏度一般是指天平上增加 1 mg 所引起的指针在读数标牌上偏移的格数：灵敏度 = 指针偏移的格数 / 毫克。指针偏移的距离越大，表示天平越灵敏。双盘天平以 TG328B 型为例，其标尺的分度数为 –10 ~ 110（分度值为 0.1 mg），在左盘上加 10 mg 标准砝码，如果平衡位置在 99 ~ 101 分度内，其空载时的分度值误差就在国家规定的允许误差之内。测定结果如果超出这个范围，就应调整其灵敏度。天平的灵敏度就是天平能察觉出两盘载重质量差的能力。灵敏度高，表示天平感觉能力强，即两盘载重有微小的差别时，天平也能察觉出来。所以，灵敏度也可以用感量（或分度值）表示。感量是指针偏移一格所相当的质量的变化，故：感量 = 1/ 灵敏度。

2）稳定性：是指天平受到扰动后，能自动回到初始平衡位置的能力。天平不仅要有一定的灵敏度，还要有相当的稳定性，才能完成准确的称量。灵敏度和稳定性是相互矛盾的两种性质。对天平的灵敏度和稳定性两者都要兼顾到，才能处于最佳状态。

3）准确性：是指天平本身的系统误差最小到多大范围的能力，对双盘等臂天平而言，通常用横梁的“不等臂性误差”来表示。对单盘天平和电子天平来说，主要是指天平在不同载荷下所能控制线性偏差在规定范围内的能力。

4）不变性：是指天平在相同条件下，多次称量同一物体，所得称量结果的一致程度。通常用相反的语言即天平示值的变动性来表示。

3. PHS-3C 型精密酸度计

（1）仪器工作原理：仪器使用的 E-201-C9 复合电极是由 pH 玻璃电极与银 - 氯化银电极组成，玻璃电极作为测量电极，银 - 氯化银电极作为参比电极，当被测溶液氢离子浓度发生变化时，玻璃电极和银 - 氯化银电极之间的电动势也随之发生变化，而电动势变化关系符合下列公式：

$$\Delta E=59.16\times\frac{273+t}{298}\times\Delta \mathrm{pH}$$

式中：ΔE ——电动势的变化量，mV；

$\Delta \mathrm{pH}$ ——溶液 pH 值的变化量；

t ——被测溶液的温度，℃。

从上式可见，复合电极电动势的变化与被测溶液的 pH 变化成比例，仪器经用标准缓冲溶液标定后，即可测量溶液的 pH。

（2）仪器结构：如图 1-34。

复合电极：内参比溶液是零电位为 pH=7 的含有 Cl^- 的电解质溶液，为中性磷酸盐和氯化钾的混合溶液。外参比溶液为 3 ~ 3.3 mol · L^{-1} 的 KCl 溶液（图 1-35）。

a. PHS-3C 型精密酸度计整体结构

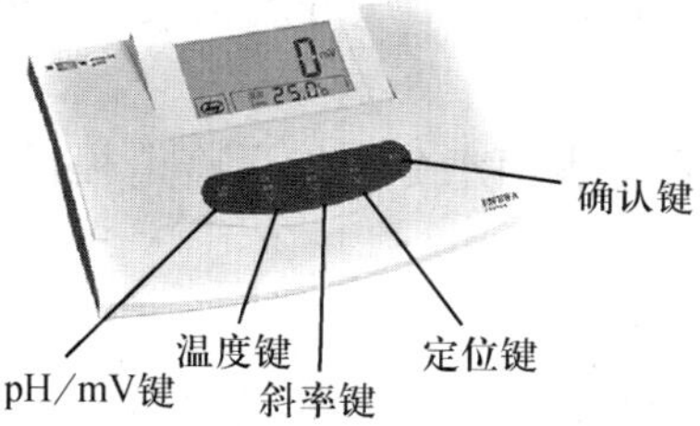

b. PHS-3C 型精密酸度计前面外观

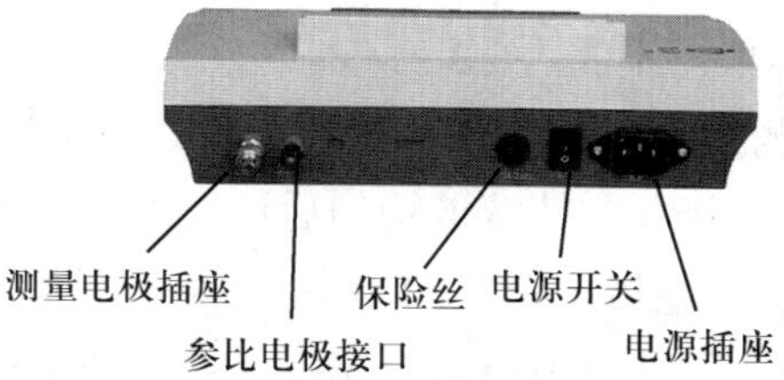

c. PHS-3C 型精密酸度计后面外观

图 1-34　PHS-3C 型精密酸度计

（3）操作步骤

1）开机前准备：①电源线插入电源插座。②按下电源开关，电源接通后，预热 30 min，即可进行标定。

2）标定步骤：仪器使用前先要标定，一般来说，仪器在连续使用时，每天要标定一次。

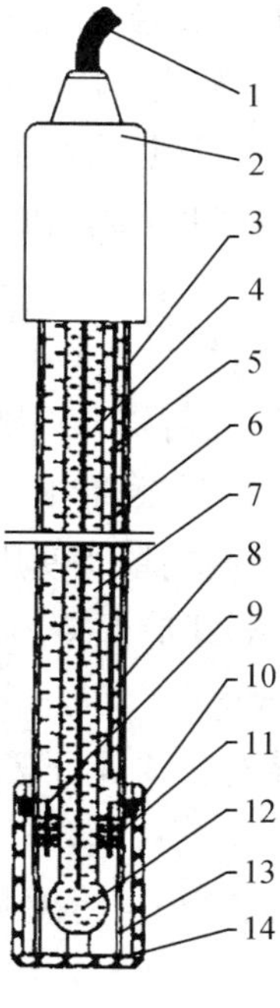

1. 电极导线；2. 电极帽；3. 电极塑壳；4. 内参比电极；5. 外参比电极；6. 电极支持杆；7. 内参比溶液；8. 外参比溶液；9. 液接面；10. 密封圈；11. 硅胶圈；12. 电极球泡；13. 球泡护罩；14. 护套。

图 1-35　复合电极

①用蒸馏水清洗电极，擦干，将电极放入标准缓冲定位液 1 中（一般为 pH=6.86）。

②用温度计测量当前标准缓冲定位液 1 温度，并在仪器上设置相同温度，温度设置如下：按“温度▲”或者“温度▼”键调节显示值，使温度显示为温度计测得的标准缓冲定位液 1 温度；按“确认”键，完成设置，按“pH/mV”键放弃设置。

③待 pH 读数稳定后，按“定位”键，仪器显示“Std yE5”字样，按“定位▲”或者“定位▼”键调节显示值，当显示屏 pH 为标准缓冲定位液 1 的 pH 时，按“确认”键，仪器自动识别并显示当前温度下的标称 pH，即可完成一点标定（斜率为 100%）。

④如果需要二点标定，则可继续下面操作。

⑤再次清洗电极，并将电极放入标准缓冲定位液 2 中（一般为 pH=4.00 或者 pH=9.18）。

⑥再次测量标准缓冲定位液 2 的温度，设置仪器为相同的温度值。

⑦待 pH 读数稳定后，按“斜率”键，仪器显示“Std yE5“字样，按“定位▲”或者“定位▼”键调节显示值，当显示屏 pH 为标准缓冲定位液 2 的 pH 时，按“确认”键，仪器自动识别并显示当前温度下的标称 pH，即完成二点标定。

⑧仪器完成标定。

注意：经标定后，就不能再按定位和斜率调节键。标准缓冲定位液第一次应用 pH=6.86 的溶液，第二次应接近被测溶液的值，如被测溶液为酸性时，标准缓冲定位液应选 pH=4.00；如被测溶液为碱性时，则选 pH = 9.18 的标准缓冲定位液。一般情况下，在 24 h 内仪器不需再标定。

3）测量 pH：用蒸馏水清洗电极，用滤纸吸干表面水分，然后将电极插入被测溶液中，摇动烧杯，使溶液均匀后读出溶液的 pH。

4）测量电极电位（mV）

①将离子选择电极或金属电极和甘汞电极夹在电极架上。

②用蒸馏水清洗电极头部，用被测溶液清洁 1 次。

③把离子电极的插头插入仪器后部的测量电极插座内。

④把参比电极接入仪器后部的参比电极接口上。

⑤把两种电极插在被测溶液内，将溶液搅拌均匀后，即可在显示屏上读出该离子的选择电极的电极电位（mV），还可自动显示极性。

⑥如果被测信号超出仪器的测量范围，或测量端开路时，显示屏会不亮，作超载报警。

（4）仪器维护：酸度计（pH 计）具有很高的输入阻抗，使用环境经常接触化学药品，为保证仪器正常使用，所以需要合理维护。

1）仪器的输入端必须保持干燥清洁。仪器不用时，将短路插头插入插座，防止灰尘及水汽侵入。在环境湿度较高的场所使用时，应把电极插头用干净纱布擦干。

2）测量时，电极的引入导线应保持静止，否则会引起测量不稳定。

3）仪器采用了 MOS 集成电路，因此在检修时应保证电烙铁有良好的接地。

4）用缓冲溶液标定仪器时，要保证缓冲溶液的可靠性，不能配错缓冲溶液，否则将导致测量结果产生误差。

缓冲溶液用完后可按下列方法自行配制：① pH 4.00 溶液：用 GR 邻苯二甲酸氢钾 10.21 g，溶解于 1000 ml 的高纯去离子水中。② pH 6.86 溶液：用 GR 磷酸二氢钾 3.4 g，GR 磷酸氢二钠 3.55 g，溶解于 1000 ml 的高纯去离子水中。③ pH 9.18 溶液：用 GR 硼砂 3.18 g，溶解于 1000 ml 的高纯去离子水中。

（5）电极使用维护的注意事项

1）电极在测量前必须用已知 pH 的标准缓冲溶液进行定位校准，其值越接近被测值越好。

2）取下电极套后，应避免电极的敏感玻璃泡与硬物接触，因为任何破损或擦毛都使电极失效。

3）测量后，及时将电极保护套套上，套内应放少量补充液以保持电极球泡的湿润。切忌浸泡在蒸馏水中。

4）复合电极的外参比补充液为 3 mol · L^{-1} 氯化钾溶液，补充液可以从电极上端小孔加入。

5）电极的引出端必须保持清洁干燥，绝对防止输出两端短路，否则将导致测量失准或失效。

6）电极应与输入阻抗较高的酸度计（$\geqslant 10^{12}\ \Omega$）配套，以使其保持良好的特性。

7）电极应避免长期浸在蒸馏水、蛋白质溶液和酸性氟化物溶液中。

8）电极避免与有机硅油接触。

9）电极经长期使用后，如发现斜率略有降低，则可把电极下端浸泡在 4% 氢氟酸（HF）中 3 ~ 5 s，用蒸馏水洗净，然后在 0.1 mol · L^{-1} 盐酸溶液中浸泡，使之复新。

10）被测溶液中如含有易污染玻璃电极球泡或堵塞液接界的物质而使电极钝化，会出现斜率降低现象，显示读数不准。如发生该现象，则应根据污染物质的性质，用适当溶液清洗，使电极复新。

注意：选用清洗剂时，不能用四氯化碳、三氯乙烯、四氢呋喃等能溶解聚碳酸酯树脂的清洗液，因为电极外壳是用聚碳酸酯树脂制成的，其溶解后极易污染玻璃电极球泡，从而使电极失效。复合电极也不能用来测定上述溶液。

4. 722 型分光光度计

（1）仪器的构造

1）光学系统：采用光栅自准式色散系统和单光束结构光路。

2）仪器的结构：由光源室、单色器、试样室、光电管暗盒、电子系统及数字显示器等部件组成（图 1-36a）。

①光源室部件由钨灯灯架、聚光镜架、截止滤光片组架等组件组成。钨灯灯架上装有卤钨灯，作为可见光区的能量辐射源。

②单色器部件是仪器的心脏部分，位于光源与试样室之间。由狭缝组件、反光镜

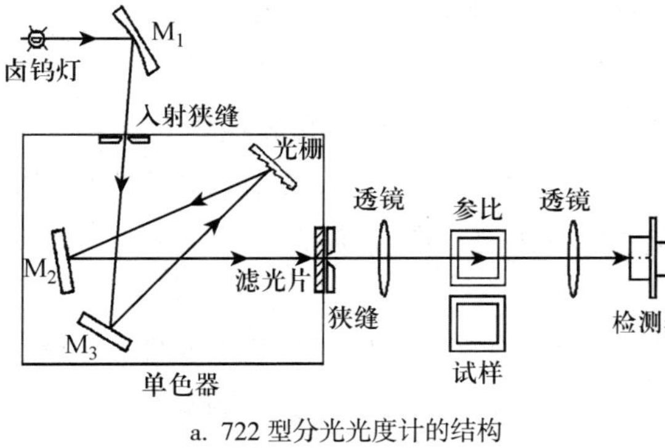

a. 722 型分光光度计的结构

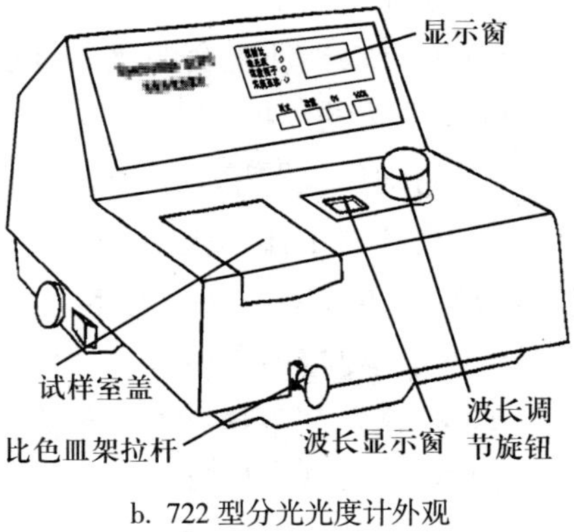

b. 722 型分光光度计外观

图 1-36　722 型分光光度计

组件、准直镜组件、光栅组件与波长线性传动机构等组成。在这里使光源室来的白光变成单色光。

③试样室部件由比色皿座架组件及光门组件组成。

④光电管暗盒部件由光电管及微电流放大器电路板等组件组成。由试样室出来的光经光电转换并放大后，在数字显示器上直接显示出测定液的 A 值或 T、c 值。

（2）仪器的使用

1）使用仪器前，应首先了解仪器的结构和工作原理。对照仪器或仪器外形图（图 1-36b）熟悉各个操作旋钮的功能。在未接通电源前，应先检查仪器的安全性，电源线接线应牢固，接地要良好，各个调节旋钮的起始位置应该正确，然后再接通电源开关。

2）将灵敏度旋钮调至放大倍率最小的“1”挡。

3）开启电源，指示灯亮，波长调至测试用波长。仪器预热 20 min。

4）打开试样室盖，光门立即自动关闭。调节“0”旋钮，使数字显示“00.0”。盖上试样室盖，光门自动打开。将比色皿架处于纯水校正位置，使光电管受光，调节透过率“100%”旋钮，使数字显示为“100.0”。连续几次调整“0”和“100%”。直至稳定，仪器即可进行测定工作。

5）如果显示不到“00.0”，则可适当增加微电流放大器的倍率挡数，但倍率尽可能置于低挡使用，使仪器有更高的稳定性。倍率改变后必须按 4）重新校正“0”和“100%”。

6）吸光度 A 的测量：将选择开关置于“A”，调节吸光度调零旋钮，使数字显示为“00.0”，然后将被测样移入光路，显示值即为被测样的吸光度值。

7）浓度 c 的测量：选择开关由“A”旋置“C”，将已标定浓度的试样放入光路，调节浓度旋钮，使数字显示值为标定值，将被测样放入光路，即可读出被测样的浓度值。

8）如果大幅度改变测试波长时，在调整“0”和“100%”后稍等片刻（因光能量变化急剧，光电管受光后响应缓慢，需有光响应平衡时间），当读数稳定后，重新调整“0”和“100%”即可工作。

9）每台仪器所配套的比色皿不能与其他仪器上的比色皿单个调换。

（3）仪器的维护

1）为确保仪器稳定工作，如电压波动较大，应将 220 V 电源预先稳压。

2）当仪器工作不正常时，如显示窗无亮光，光源灯不亮，开关指示灯无信号，应检查仪器后盖保险丝是否损坏，然后查电源线是否接通，再查电路。

3）仪器要接地良好。

4）仪器左侧下角有一只干燥剂筒，试样室内也有硅胶，应保持其干燥性，发现变色立即更新或加以烘干再用。当仪器停止使用后，干燥剂也应该定期更新烘干。

5）为了避免仪器积灰和沾污，在停止工作时，用套子罩住整个仪器，在套子内应放数袋防潮硅胶，以免灯室受潮，使反射镜镜面有霉点或沾污，从而影响仪器性能。

6）仪器工作数月或搬动后，要检查波长精度和吸光度测量精度等，以确保仪器的使用和测定精度。

三、基础化学实验基本操作

（一）溶液的蒸发与浓缩

如果溶液浓度太低，需要浓溶液时，实验操作会用到蒸发和浓缩。溶液的蒸发与浓缩一般在水浴上进行。如果溶液太稀，并且溶质的热稳定性好，也可以放在石棉网上直接加热蒸发，然后再置于水浴上加热蒸发。当溶剂不断蒸发，溶液不断浓缩，到一定程度时，停止加热，冷却，就可析出晶体。

常用的蒸发容器是蒸发皿，它具有较大的蒸发面积，有利于蒸发的进行。蒸发皿里所盛液体不应超过其容量的 2/3。

（二）沉淀与溶液的分离

固液分离一般有 3 种方法：倾析法、过滤法和离心分离法。洗涤的目的是将沉淀表面所吸附的杂质和残留的母液除去。

1. 倾析法

在物质制备或重结晶过程中，若沉淀（或晶体）的相对密度较大或结晶颗粒较大，静置后容易沉淀到容器的底部，可以用倾析法进行沉淀的分离或洗涤。用倾析法进行沉淀分离，操作简单、方便，但分离效果差，只适用于定性实验。

倾析法操作如下：先把容器倾斜静置，待沉淀降至烧杯底角时，将玻璃棒横架在容器上，将沉淀上部的清液沿玻璃棒缓慢倒入另一接收容器，使沉淀与溶液分离。洗涤时，可在沉淀上加少量洗涤液，充分搅拌后静置，沉降，再倒出洗涤液。多次重复操作可将沉淀洗净。

2. 过滤法

过滤是将混合的固体物质和液体物质分离开（即固 - 液分离）的最常用方法。过滤时，固体物质留在过滤器上，即为滤渣，而液体物质通过过滤器进入接收器中，过滤出的液体物质称为滤液。在基础化学和无机化学实验中所涉及的过滤方法有常压过滤和减压过滤两种。下面主要介绍常压过滤。

常压过滤又称为普通过滤，操作最为简便，当沉淀为微细的结晶时，用此法过滤较好（图 1-37）。

常压过滤操作如下：在常温常压下，在圆锥形玻璃漏斗中放入滤纸，将混合物倒入其中，滤液可以透过滤纸流出，沉淀留在滤纸上（即为滤渣），从而达到固 - 液分离的目的。

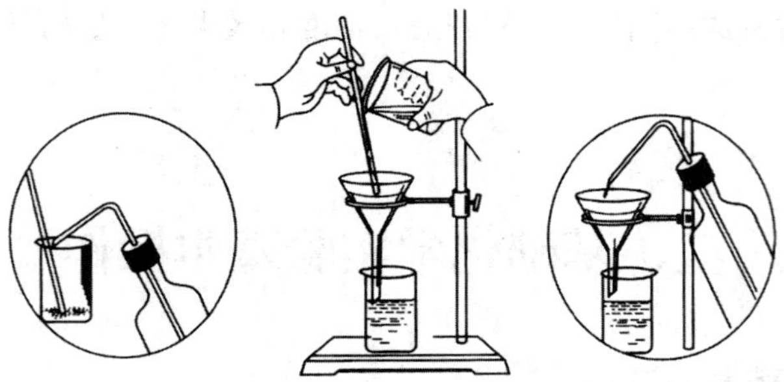

图 1-37　常压过滤操作示意图

过滤前选择合适的滤纸和漏斗。先将圆形滤纸对折两次，然后展开呈圆锥形（一边三层，另一边一层），放入玻璃漏斗中。改变滤纸折叠角度，使之与漏斗角度相适应，且滤纸高度不超过玻璃漏斗边缘。用手按着滤纸，用少量蒸馏水把滤纸湿润，轻压滤纸四周，赶气泡，使其紧贴在漏斗上。

把带滤纸的漏斗放在漏斗架上，下面放容器以收集滤液，调节漏斗架的高度，使漏斗尖端靠在容器内壁，以免滤液溅失。

将要过滤的溶液沿玻璃棒缓缓倾入漏斗中（滤液倾在滤纸层较厚的一面），倾入量应使液面低于滤纸边缘 2 ~ 3 mm，此时滤液透过滤纸流入收集器内，而沉淀就被截留在滤纸上。

为使过滤进行较快，可让待过滤的溶液静置一段时间，使沉淀尽量下沉，过滤时不要搅动沉淀，先把沉淀上面的大部分清液过滤掉，再用玻璃棒搅起沉淀物连同溶液一起转移到滤纸上，附在烧杯壁上的沉淀可用少量蒸馏水或母液冲洗下来转移至滤纸上。

洗涤沉淀：当沉淀全部转移到滤纸上后，开始洗涤沉淀，用滴管吸取少量洗涤液，从滤纸边缘由上往下螺旋形移动，这样可使沉淀集中到滤纸的底部，少量多次重复此操作，即可将沉淀洗干净。

3. 离心分离法

当试管中少量的溶液有沉淀物时，常采用离心分离法。该方法操作简单迅速。实验室常用的离心机一般是由高速旋转的小电动机带动一组金属套管做高速圆周运动的电动离心机。装在金属套管内离心试管中的沉淀物受到离心力的作用集中于离心试管底部，上层得到澄清溶液，这样可以使离心试管中的溶液与沉淀分离开。

离心分离法操作步骤：使用电动离心机进行离心分离时，把装有少量溶液与沉淀的离心试管对称地放入电动离心机的金属（或塑料）套管内，如果只有一支离心试管中装有试样，为了使电动离心机转动时保持平衡，防止高速旋转引起振动而损坏离心机，须在与之对称的另一金属（或塑料）套管内也放入一支装有相同（或相近）质量水的离心试管。放好离心试管后盖上离心机盖，打开电源，设定转速和时长，开始运行。待离心结束，停止灯亮起后取出试管，接下来使用倾析法，即可使沉淀与溶液分离。

洗涤沉淀：离心管里的沉淀清洗方法同倾析法。

（三）重结晶

从有机反应中或是从天然物中获取的固体有机化合物，常含有杂质，必须加以纯化。结晶和重结晶是实验室常用的固体有机化合物的提纯方法。

固体有机化合物在溶剂中的溶解度与温度有密切关系，一般温度升高溶解度增大。若把待纯化的固体有机物溶解在热的溶剂中达到饱和，冷却时由于溶解度降低，溶液变成过饱和而析出晶体。重结晶就是利用溶剂对被提纯物质及杂质的溶解度不同，让杂质全部或大部分留在溶液中（或被过滤除去）达到分离纯化的目的。

1. 溶剂的选择

在进行重结晶时，选择的溶剂必须具备下列条件。

1）不与被提纯物起化学反应。

2）温度高时，被提纯物在溶剂中溶解度大，在室温或更低温度下溶解度很小。

3）杂质在溶剂中的溶解度非常大或非常小（前一种情况是使杂质留在母液中不随被提纯物一同析出，后一种情况是使杂质在加热过滤时除去）。

4）溶剂沸点较低，易挥发，易与结晶分离。

此外，还要考虑能否得到较好的结晶，以及溶剂的毒性、易燃性和价格等因素。

若不能选到单一的合适的溶剂，常可应用混合溶剂。一般是由两种能互溶的溶剂组成，其中一种对被提纯物溶解度较大，而另一种溶解度较小，常用的混合溶剂有乙醇 - 水、醋酸 - 水、苯 - 石油醚、乙醚 - 甲醇等。

2. 固体的溶解

要使重结晶得到的产品纯且回收率高，溶剂的用量是关键，溶剂用量太大，会使待提纯物过多地留在母液中造成损失；但用量太少，在随后的趁热过滤中又易析出晶体而损失掉，并且还会给操作带来麻烦。因此，一般比理论需要量（刚好形成饱和溶液的量）多加 10% ~ 20% 的溶剂。

3. 脱色

不纯的有机化合物常含有有色杂质，常可向溶液中加入少量活性炭来吸附这些杂质，加入活性炭的方法是：待沸腾的溶液稍冷后加入，活性炭用量视杂质多少而定，一般为干燥的粗品重量的 1% ~ 5%。加入活性炭后煮沸 5 ~ 10 min，并不时搅拌以防暴沸。

4. 热过滤

为了除去不溶性杂质和活性炭需要趁热过滤。由于在过滤的过程中溶液的温度下降，往往导致结晶析出，因此常使用保温漏斗（热水漏斗）过滤。保温漏斗要用铁夹固定好，注入热水，并预先烧热。若是易燃的有机溶剂，应熄灭火焰后再进行热滤；

若溶剂是不可燃的，则可煮沸后一边加热一边热滤。

为了提高过滤速度，滤纸最好折成扇形滤纸（又称折叠滤纸或菊花形滤纸）。具体折法如图 1-38 所示。

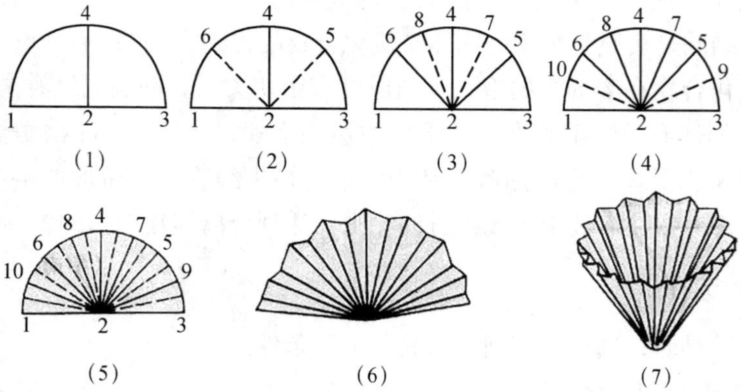

图 1-38　扇形滤纸的叠法

5. 结晶

让热滤液在室温下慢慢冷却，结晶随之形成。如果冷却时无结晶析出，可用加入一小颗晶种（原来固体的结晶）或用玻璃棒在液面附近的容器内壁上稍用力摩擦引发结晶。

6. 干燥结晶

用重结晶法纯化后的晶体，其表面还吸附有少量溶剂，应根据重结晶所用溶剂及晶体的性质选择恰当的方法进行干燥。固体的干燥方法很多，常用的方法有：①空气干燥；②烘干；③干燥器干燥。

四、实验预习、实验记录与实验报告的要求

实验报告是实验的总结，反映了学生的实验水平，所以必须认真独立完成。实验报告应简明扼要、书写整齐、结果真实、结论明确。

（一）实验预习

实验预习在实验之前完成。按实验目的、实验原理、实验步骤，用自己的语言归纳（不要照抄教材内容），尽量采用简单的方框图、化学式、表格、符号等表示。

（二）实验记录

实验记录在实验进行中完成。包括实验现象、测定数据等，统称为原始记录。原始记录要完整、准确、不允许追记，更不能弄虚作假。对于实验现象记录与数据记录，

尽量使用表格、框图、符号等形式表示，如“5 滴”可简写为“5d”，加试剂用“+”，加热用“△”，沉淀用“↓”，黄色沉淀用“黄色↓”，气体用“↑”，棕红色气体用“棕红↑”等。试剂名称和溶液则分别用化学符号表示。

（三）实验报告

实验报告在实验之后完成。对观察得到的现象进行分析、解释、作出正确的结论，并写出相应的反应方程式，对原始数据要按数据处理的要求进行处理。最后分析实验误差产生的原因。

示例如下。

示例 1：性质类实验

实验名称	d 区元素化合物的性质研究		
实验人	×××	学号	×××
专业和班级	×××	实验日期	××年××月××日
指导老师	×××	同组实验人	×××/×××/×××

预习报告与实验报告

实验内容	实验原理（方程式表示）	实验现象	实验讨论或解释
（1）Cu^{2+} 的氧化性 Cu^{2+} 的配合物：5d $CuSO_4$（0.1 $mol \cdot L^{-1}$）+ 15d KI（0.1 $mol \cdot L^{-1}$）； 上述溶液中慢慢滴加 4d $Na_2S_2O_3$（0.1 $mol \cdot L^{-1}$）		黄色↓ 渐变为白色↓	
…	…	…	…

注：预习报告写实验内容和实验原理；实验报告在预习报告的基础上补上实验现象和实验讨论或解释。

示例 2：制备类实验

实验名称	葡萄糖酸锌的制备		
实验人	×××	学号	×××
专业和班级	×××	实验日期	××年××月××日
指导老师	×××	同组实验人	×××/×××/×××

预习报告

1. 实验目的：

2. 实验原理：

续表

3. 实验试剂：

4. 实验仪器：

5. 实验内容

制备 称量：5 g $ZnSO_4 \cdot 7H_2O$ →溶解：10 ml 水（80～90℃）溶解→制备：缓慢加入 10 g 葡萄糖酸钙，混匀，水浴（80～90℃）20 min →抽滤除渣：趁热过滤，滤液移至蒸发皿→蒸发浓缩：小火加热浓缩至稠状→冷却结晶：慢慢滴加 10 ml 95% 乙醇，并不断搅拌，结晶，抽滤得粗品。

重结晶 粗品加水 10 ml →加热溶解→趁热抽滤→滤液冷却至室温→加 10 ml 95% 乙醇，并不断搅拌，抽滤得精品。

6. 实验注意事项：

实验报告

1. 实验步骤及现象（画出主要的实验装置图）：

2. 产品纯度检验：

结论：

3. 实验结果：

产率：

产品质量：合格 □　　　不合格 □

4. 问题与讨论：

示例 3：检测类实验

实验名称	有机化合物物理常数的测定		
实验人	×××	学号	×××
专业和班级	×××	实验日期	××年××月××日
指导老师	×××	同组实验人	×××/×××/×××
预习报告			
1. 实验目的：			
2. 实验原理：			
3. 实验试剂：			
4. 实验仪器：			
5. 实验内容：			
6. 实验注意事项：			
实验报告			
1. 实验数据汇总及处理：			
2. 问题与讨论：			

第三单元
基础化学实验

实验一　凝固点降低法测定葡萄糖的摩尔质量

一、实验目的

1. 了解凝固点降低法测定溶质摩尔质量的原理及方法。
2. 练习分析天平、移液管和温度计的使用。

二、实验原理

难挥发非电解质稀溶液的凝固点降低与溶质 B 的质量摩尔浓度成正比：

$$\Delta T_f = k_f \cdot b_B$$

式中：ΔT_f 为稀溶液的凝固点降低值，b_B 为溶质 B 的质量摩尔浓度，k_f 为溶剂的凝固点降低系数。

根据溶质 B 的质量摩尔浓度的定义，上式可改写

$$\Delta T_f = \frac{k_f \cdot m_B}{m_A \cdot M_B}$$

式中：ΔT_f 为稀溶液的凝固点降低值，k_f 为溶剂的凝固点降低系数，m_B 为溶质 B 的质量，m_A 为溶剂 A 的质量，M_B 为溶质 B 的摩尔质量。

若已知溶剂的 k_f，通过实验测得 ΔT_f，利用上式可求得溶质 B 的摩尔质量。

$$M_B = \frac{k_f \cdot m_B}{m_A \cdot \Delta T_f}$$

稀溶液的凝固点常采用过冷法测量。将纯溶剂逐渐降温至过冷，然后促其结晶。当晶体生成时，放出的凝固热使系统温度保持相对恒定，直到全部液体凝固后温度才会下降。

三、仪器与试剂

1. 仪器

分析天平、温度计、移液管、洗耳球、烧杯、大试管、铁架台、玻璃棒、金属丝搅拌棒、单孔软木塞、放大镜、药匙。

2. 试剂

葡萄糖（s）、粗食盐（s）、冰、蒸馏水。

四、实验内容

1. 仪器安装

用移液管量取 25.00 ml 蒸馏水，注入干燥大试管中。在分析天平上准确称量 1.3 ~ 1.4 g 葡萄糖，倒入盛有 25.00 ml 蒸馏水的大试管中。待葡萄糖全部溶解后，用带有温度计和金属丝搅拌棒的软木塞将大试管口塞好，调节温度计高度，使水银球全部浸入葡萄糖溶液中。在大烧杯中装入 1/2 体积的冰块和 1/4 体积的水，再放入 3 ~ 4 勺粗食盐，作为冰水浴。

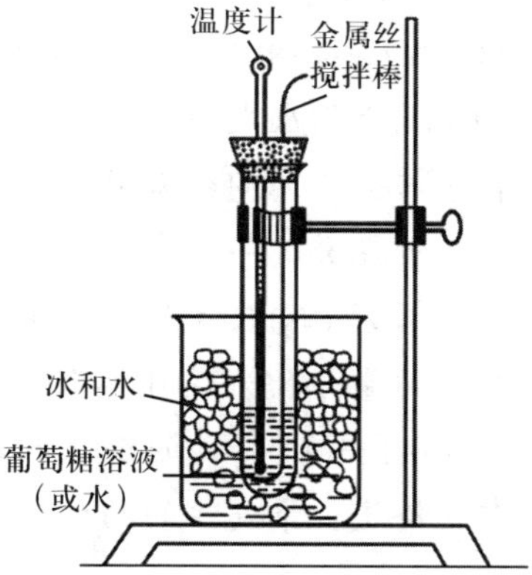

图 2-1　仪器安装

2. 溶液凝固点的测量

按图 2-1 的装置，将大试管放入冰水浴中，使溶液的液面低于冰水浴的液面，并固定在铁架台上。上下移动金属丝搅拌棒，使溶液慢慢冷却，注意观察温度计读数，当有固体开始析出时，停止搅拌。记录温度回升时所达到的最高温度，取出大试管，使冰融化，平行测量 3 次。各次测量值之差不能超过 0.05℃。

3. 溶剂凝固点的测量

洗净大试管、温度计和金属丝搅拌棒，加入约 20 ml 蒸馏水，用上述方法测量溶剂的凝固点。平行测量 3 次，各次测量值之差不能超过 0.05℃。

4. 数据处理

计算出 3 次实验测量值的平均值，计算出葡萄糖的摩尔质量。

五、实验注意事项

搅拌速度的控制是做好本实验的关键。

六、思考题

1. 判断题

（1）在溶液组成标度的表示方法中，“物质 B 的浓度”就是“物质 B 的质量浓度”。（　　）

（2）“1 mol 的氧”的说法是不明确的。（　　）

（3）在 20℃时，100 g 水溶解 21 g 某溶质，则该溶液中溶质的质量分数为 21%。（　　）

（4）一份溶液所有组分的摩尔分数总和为 1。（　　）

（5）物质的量浓度比较大的溶液，其渗透压也一定比较高。（　　）

（6）渗透浓度均为 280 $mol \cdot L^{-1}$ 的碳酸氢钠溶液和蔗糖溶液。两种溶液中，碳酸氢钠

溶液的渗透压相对要高一些。(　　)

(7) 对于非电解质稀溶液，其渗透浓度等于物质的量的浓度。(　　)

(8) 将红细胞放置于 NaCl 水溶液中，于显微镜下观察出现溶血现象，则该 NaCl 溶液相对于红细胞内液来说是高渗溶液。(　　)

(9) 若两种溶液的渗透压相等，其物质的量浓度也必定相等。(　　)

(10) 稀溶液的依数性不仅与溶质的本性有关，还取决于溶入稀溶液中的溶质粒子数目。(　　)

(11) 0.2 $mol \cdot L^{-1}$ 的 NaCl 溶液的渗透压等于 0.2 $mol \cdot L^{-1}$ 的葡萄糖溶液的渗透压。(　　)

(12) 两个临床上的等渗溶液只有以相同的体积混合时，才能得到等渗溶液。(　　)

(13) 将浓度不同的两种非电解质溶液用半透膜隔开时，水分子从渗透压小的一方向渗透压大的一方渗透。(　　)

(14) 若 $c_{os}(NaCl) = c_{os}(C_6H_{12}O_6)$，相同温度下，两种溶液的渗透压相同。(　　)

(15) 质量分数为 0.01 的蔗糖水溶液和果糖水溶液有相同的渗透压。(　　)

(16) 0.1 $mol \cdot kg^{-1}$ 的乙醇水溶液和蔗糖水溶液有相同的渗透压。(　　)

(17) 渗透现象发生的两个条件是半透膜的存在和膜两侧存在浓度差。(　　)

2. 选择题

(1) 将 25.0 g NaCl 溶于水，配制成 500 ml 溶液，该溶液的质量浓度为

A. 0.0250 $g \cdot L^{-1}$　B. 0.0500 $g \cdot L^{-1}$　C. 25.0 $g \cdot L^{-1}$　D. 50.0 $g \cdot L^{-1}$

(2) 1000 g 水中含有 36.0 g 葡萄糖（$M = 180\ g \cdot mol^{-1}$），这一溶液中葡萄糖的质量摩尔浓度为

A. 0.10 $mol \cdot kg^{-1}$　B. 0.20 $mol \cdot kg^{-1}$　C. 0.30 $mol \cdot kg^{-1}$　D. 0.40 $mol \cdot kg^{-1}$

(3) 把 0.1 $mol \cdot L^{-1}$ $BaCl_2$ 溶液 100 ml，用水稀释至 1 L，再取出 10 ml，该 10 ml 溶液中氯离子的摩尔浓度为

A. 0.01 $mol \cdot L^{-1}$　B. 0.02 $mol \cdot L^{-1}$　C. 0.03 $mol \cdot L^{-1}$　D.0.04 $mol \cdot L^{-1}$

(4) 某种汽车的防冻液，含溶质乙二醇（CH_2OHCH_2OH）2.25 kg，含溶剂水 2.00 kg，乙二醇和水的摩尔分数为

A. 1.125，1　B. 0.529，0.471　C. 36.3，18.1　D. 0.246，0.754

(5) 人体血浆中平均每 100 ml 含 19 mg K^+，则血浆中 K^+ 浓度是

A. $4.75 \times 10^{-1}\ mol \cdot L^{-1}$　B. $4.75 \times 10^{-2}\ mol \cdot L^{-1}$

C. $4.87 \times 10^{-3}\ mol \cdot L^{-1}$　D. $4.75 \times 10^{-4}\ mol \cdot L^{-1}$

(6) 中和 50 ml 0.2 $mol \cdot L^{-1}$ 某一元酸溶液需要 100 ml NaOH 溶液，该 NaOH 溶液的摩尔浓度是

A. 0.1 $mol \cdot L^{-1}$　B. 0.2 $mol \cdot L^{-1}$　C. 0.4 $mol \cdot L^{-1}$　D.0.8 $mol \cdot L^{-1}$

(7) 配制 1 $g \cdot L^{-1}$ 的新洁尔灭消毒液 500 ml，应取 50 $g \cdot L^{-1}$ 消毒液的体积是

A. 10 ml　B. 20 ml　C. 30 ml　D. 40 ml

(8) 若质量分数 35.0% 的 $HClO_4$ 水溶液的密度为 1.251 $g \cdot ml^{-1}$，则其摩尔浓度和质量

摩尔浓度分别为

A. 5.36 mol·L^{-1} 和 4.36 mol·kg^{-1}　　B. 13 mol·L^{-1} 和 2.68 mol·kg^{-1}

C. 4.36 mol·L^{-1} 和 5.36 mol·kg^{-1}　　D. 2.68 mol·L^{-1} 和 3 mol·kg^{-1}

（9）B 的摩尔浓度 c_B 与 B 的质量浓度 ρ_B 之间的关系为

A. $c_B = \rho_B$　　B. $c_B = \rho_B \cdot M_B$　　C. $c_B = \rho_B / M_B$　　D. $c_B = \rho_B V$

（10）配制体积分数为 75% 乙醇 500 ml，应取体积分数（C_2H_5OH）= 0.95 的乙醇的体积是

A.325 ml　　B.325 ml　　C.395 ml　　D.425 ml

（11）医学上的等渗溶液，其渗透浓度为

A. 大于 320 mmol·L^{-1}　　B. 小于 280 mmol·L^{-1}

C. 280～320 mmol·L^{-1}　　D. 任意浓度

（12）将红细胞置于体积比为 2∶1 的生理盐水和 12.5 g·L^{-1} 碳酸氢钠溶液的混合溶液中，红细胞将

A. 膨胀　　B. 皱缩　　C. 保持正常　　D. 无法判断

（13）下列溶液中，会使红细胞发生皱缩的是

A. 100 g·L^{-1} 葡萄糖溶液　　B. 5.0 g·L^{-1} NaCl 溶液

C. 12.5 g·L^{-1} $NaHCO_3$ 溶液　　D. 10.0 g·L^{-1} $CaCl_2$ 溶液

（14）将 2.00 g 某高分子物质溶于水中配制成 50.0 ml 溶液，室温时测得该溶液的渗透压为 4.00 kPa，则该高分子物质的摩尔质量为

A. 2.48×10^3 g·mol^{-1}　　B. 2.48×10^4 g·mol^{-1}

C. 3.48×10^3 g·mol^{-1}　　D.3.48×10^4 g·mol^{-1}

（15）下列几组用半透膜隔开的溶液，在相同温度下水从右向左渗透的是

A. 0.90% 的 NaCl| 半透膜 |2% 的 NaCl

B. 0.050 mol·L^{-1} 的 NaCl| 半透膜 |0.080 mol·L^{-1} 的 $C_6H_{12}O_6$

C. 0.050 mol·L^{-1} 的尿素 | 半透膜 |0.050 mol·L^{-1} 的蔗糖

D. 0.050 mol·L^{-1} 的 $MgSO_4$| 半透膜 |0.050 mol·L^{-1} 的 $CaCl_2$

（16）室温下，0.1 mol·L^{-1} 葡萄糖溶液的渗透压是

A. 248 kPa　　B. 248 Pa　　C. 25 kPa　　D. 2.5 kPa

3. 简答题

（1）什么是稀溶液的依数性？

（2）在临床补液时为什么一般要输等渗溶液？

（3）已知冰醋酸的密度为 1.05 kg·L^{-1}，质量分数为 91%，试求该溶液的摩尔浓度［c（HAc）］、质量摩尔浓度［b（HAc）］和摩尔分数［x（HAc）］。

（4）市售过氧化氢（俗称双氧水）质量分数为 30%，密度为 1.11 kg·L^{-1}。计算该溶液的摩尔浓度、质量摩尔浓度和摩尔分数。

（5）临床上用来治疗碱中毒的针剂 NH_4Cl（M_B= 53.48 g·mol^{-1}），其规格为 20.00 ml 一

支，每支含 0.1600 g NH_4Cl，计算该针剂的摩尔浓度及该溶液的渗透浓度，在此溶液中红细胞的行为如何？

（6）将 5.00 g 鸡蛋白溶于水中并配成 1.00 L 溶液，测得该溶液在 25℃时的渗透压为 306 Pa，求鸡蛋白的平均摩尔质量。

实验二　醋酸解离平衡常数的测定

一、实验目的

1. 掌握解离平衡常数及解离度的测定方法。
2. 掌握酸度计的使用方法。
3. 练习移液管的基本操作。

二、实验原理

醋酸（CH_3COOH，简写为 HAc）是一种常见的一元弱酸，在溶液中存在下列解离平衡（忽略水的解离）：

$$HAc \rightleftharpoons H^+ + Ac^-$$

起始浓度（$mol \cdot L^{-1}$）：c　　0　0

平衡浓度（$mol \cdot L^{-1}$）：$c-c\alpha$　　$c\alpha$　$c\alpha$

根据定义 $\alpha = \dfrac{[H^+]}{c}$

$$K_a = \frac{[H^+][Ac^-]}{[HAc]} = \frac{c\alpha^2}{1-\alpha} \approx c\alpha^2 \quad 即\ K_a = \frac{[H^+]^2}{c}$$

式中，c 为 HAc 的起始浓度，α 为解离度，K_a 为解离平衡常数。

因此，可通过测定已知准确浓度醋酸溶液的 pH，计算出解离度与解离平衡常数。

醋酸解离平衡常数也可通过 HAc-NaAc 缓冲溶液测得，该缓冲溶液 pH 近似计算公式为：

$$pH = pK_a + \lg\frac{[NaAc]}{[HAc]}$$

当缓冲溶液中［HAc］=［NaAc］时

$$pH = pK_a + \lg 1 = pK_a$$

因此，通过测定缓冲比为 1 的 HAc-NaAc 缓冲溶液的 pH，即可计算出醋酸解离平衡常数的近似值。

三、仪器与试剂

1. 仪器

酸度计、复合电极、移液管、洗耳球、烧杯。

2. 试剂

HAc（0.1 mol・L^{-1}）、NaAc（0.1 mol・L^{-1}）、pH=6.86 的标准缓冲溶液、pH=4.00 的标准缓冲溶液、蒸馏水。

四、实验内容

1. 配制不同浓度的 HAc 溶液

取 5 个洁净干燥的 50 ml 烧杯，依次编号为 1～5 号，按表 2-1 用量分别用移液管加入不同体积 0.1 mol・L^{-1} HAc 溶液及蒸馏水，混合均匀，配制成一系列不同浓度的醋酸溶液。计算稀释后 HAc 的浓度。

2. 测定 HAc 溶液的 pH，计算解离度与解离平衡常数

将配制的 HAc 溶液，按溶液由稀到浓（由 1～5 号）的顺序分别在酸度计上测定出 pH 并记录（酸度计的用法详见第一单元中"基础化学实验的基本知识"）。

根据实验测得 pH 进行数据处理，分别计算出 HAc 的解离度和解离平衡常数。

表 2-1　HAc 溶液解离度和解离平衡常数的测定

	1	2	3	4	5
$c_{起始}$(HAc)/(mol・L^{-1})	0.1	0.1	0.1	0.1	0.1
$V_{起始}$(HAc)/ml	1.50	3.00	6.00	12.00	24.00
$V(H_2O)$ /ml	22.50	21.00	18.00	12.00	0.00
$c_{稀释}$(HAc)/(mol・L^{-1})					
pH					
[H^+]/(mol・L^{-1})					
α					
K_a					
$\overline{K_a}$					

3. 配制缓冲溶液测定 HAc 溶液解离平衡常数

用移液管移取 0.1 mol・L^{-1} HAc 和 0.1 mol・L^{-1} NaAc 各 10.00 ml 于 1 个 50 ml 烧杯中，混合均匀，即为缓冲比为 1 的 HAc-NaAc 缓冲溶液，用酸度计测定其 pH，根据公式计算其 K_a 值，填写表 2-2。

表 2-2 HAc-NaAc 缓冲溶液 pH 和 HAc 溶液解离平衡常数（K_a）的测定

	试剂	体积 /ml	pH	K_a 值
HAc-NaAc 缓冲溶液	$0.1\ mol \cdot L^{-1}$ HAc	10.00		
	$0.1\ mol \cdot L^{-1}$ NaAc	10.00		

五、实验注意事项

（1）实验中所用 50 ml 烧杯应清洗干净并烘干待用。

（2）酸度计在完成标定后，就不能再按“定位”和“斜率”按钮，否则应重新标定。

（3）每次更换测定液，使用酸度计测定前都应用蒸馏水清洗复合电极并用滤纸吸干表面水分（测定相同组成的溶液，从低浓度到高浓度不用清洗电极，只需用滤纸吸干电极即可）。

六、思考题

1. 判断题

（1）弱酸溶液稀释时，其解离度减小。（　　）

（2）由共轭酸碱对 K_a 和 K_b 的关系可知，酸的强度越大，其共轭碱的强度也越大。（　　）

（3）任何一元弱碱的［OH^-］都等于$\sqrt{K_b \cdot c}$。（　　）

（4）在酸碱质子理论中没有盐的概念。（　　）

（5）Na_2CO_3 溶液中 H_2CO_3 的浓度近似等于 K_{b2}。（　　）

（6）在 H_2CO_3 溶液中加入 $NaHCO_3$ 后产生同离子效应，往 $NaHCO_3$ 溶液中加入 Na_2CO_3 则不会产生同离子效应。（　　）

（7）溶液的浓度能影响弱电解质的解离度，但对其解离平衡常数无影响。（　　）

2. 选择题

（1）在水溶液中属于二元弱碱的是

A. NH_4Cl　　B. $NaHCO_3$　　C. NaAc　　D. Na_2CO_3

（2）下列物质中，只能作为酸的是

A. HS^-　　B. NH_4Cl

C. NH_2CH_2COOH　　D. Ac^-

（3）根据酸碱质子理论，属于两性物质的是

A. NaCl　　B. NaAc　　C. NaH_2PO_4　　D. NH_4^+

（4）在 HAc 溶液中，加入下列物质，会使 HAc 的解离度降低的是

A. HCl　　B. NaCl　　C. $CaCl_2$　　D. $NaNO_3$

（5）将 $0.2\ mol \cdot L^{-1}$ HAc 溶液与 $0.2\ mol \cdot L^{-1}$ NH_3 溶液等体积混合，混合溶液的 pH 为

A. 4.75　　B. 7.00　　C. 9.25　　D. 14.00

（6）0.10 mol · L^{-1} H_3PO_4 溶液中［HPO_4^{2-}］近似等于

A. K_{a3} ·［H_3PO_4］　B. K_{a2}　C. K_{a2} · K_{a3} /［H^+］　D. $\sqrt{K_{a2} \cdot K_{a3}}$

（7）0.10 mol · L^{-1} H_3PO_4 溶液中［PO_4^{3-}］近似等于

A. K_{a3} ·［H_3PO_4］　B. K_{a2}　C. K_{a2} · K_{a3} /［H^+］　D. $\sqrt{K_{a2} \cdot K_{a3}}$

（8）下列溶液的浓度均为 0.10 mol · L^{-1}，其 pH < 7 的是

A. Na_3PO_4　B. NaH_2PO_4　C. Na_2HPO_4　D. $NaHCO_3$

（9）室温下，在 0.10 mol · L^{-1} HAc 溶液中，水的离子积常数 K_w 为

A. 1.3×10^{-3}　B. 1.3×10^{-4}　C. 1.0×10^{-10}　D. 1.0×10^{-14}

（10）在氨水（$NH_3 \cdot H_2O$）中加入下列试剂会产生同离子效应的是

A. CH_3COONa　B. HCl　C. NH_4Cl　D. Na_2SO_4

（11）在氨水中加入下列哪种物质，其解离度和 pH 都会减小

A. NH_4Cl　B. NaOH　C. HCl　D. H_2O

（12）c(HA) = 0.050 mol · L^{-1} 的溶液 pH = 5.85，则 HA 的 K_a 为

A. 2.0×10^{-11}　B. 4.0×10^{-11}　C. 4.5×10^{-6}　D. 8.9×10^{-5}

（13）相同浓度的 HCN、HAc、苯甲酸，下列说法中正确的是

A. 解离度相同　B. 解离常数相同

C.［H^+］相同　D. 以上说法均错误

（14）下列溶液中 pH 最大的是

A. 0.1 mol · L^{-1} HCl　B. 0.1 mol · L^{-1} HAc

C. 0.1 mol · L^{-1} NaOH　D. 0.1 mol · L^{-1} 氨水

（15）已知婴儿胃液 pH=5，成人胃液 pH=1，则成人胃液中［H^+］是婴儿胃液中的

A. 10^{-4} 倍　B. 4 倍　C. 10^4 倍　D. 10^5 倍

（16）氨水溶液中，若欲使 NH_3 的解离度和溶液的 pH 都减小，则应加入

A. NaCl 固体　B. NaOH 溶液　C. HCl 溶液　D. NH_4Cl 固体

3. 简答题

（1）已知 NH_3 的 K_b 是 1.8×10^{-5}，实验测得 $NH_3 \cdot H_2O$ 的 pH 为 11.26，试计算 $NH_3 \cdot H_2O$ 的浓度。

（2）试问在氨水中加入下列物质，对氨的解离平衡常数、解离度、溶液的 pH 有何影响？

A. NH_4Cl；B. NaCl；C. NaOH

（3）已知 0.10 mol · L^{-1} HAc 溶液的解离度为 1.32%，求 HAc 的质子转移平衡常数和该溶液的［H_3O^+］。

（4）假设 0.10 mol · L^{-1} 某一元弱酸 HB 的 pH 为 3.90，试求 HB 的 K_a。

（5）将 0.20 mol · L^{-1} H_2CO_3 与 0.20 mol · L^{-1} NaOH 等体积混合，试计算所得混合溶液的 pH。

（6）试计算 0.10 mol · L^{-1} Na_2CO_3 溶液中 OH^-、HCO_3^-、H_2CO_3 的浓度及溶液的 pH。

实验三　葡萄糖酸锌的制备

一、实验目的

1. 了解锌的生物意义和葡萄糖酸锌的制备方法。
2. 熟练掌握蒸发、浓缩、过滤、重结晶等操作。
3. 了解葡萄糖酸锌的质量分析方法。

二、实验原理

锌存在于众多的酶系中，如碳酸酐酶、呼吸酶、乳酸脱氢酸、超氧化物歧化酶、碱性磷酸酶、DNA 和 RNA 聚合酶等，为核酸、蛋白质、碳水化合物的合成和维生素 A 的利用所必需。锌具有促进生长发育，改善味觉的作用。锌缺乏时出现味觉、嗅觉差，厌食，生长与智力发育低于正常。

葡萄糖酸锌为补锌药，具有见效快、吸收率高、副作用小等优点。主要用于因缺锌引起的儿童生长发育迟缓、营养不良、厌食症、复发性口腔溃疡、痤疮等症。

葡萄糖酸锌由锌的氧化物或盐制得。本实验采用葡萄糖酸钙与硫酸锌直接反应：

$$[CH_2OH(CHOH)_4COO]_2Ca + ZnSO_4 = [CH_2OH(CHOH)_4COO]_2Zn + CaSO_4\downarrow$$

过滤除去 $CaSO_4$ 沉淀，溶液经浓缩可得无色或白色葡萄糖酸锌结晶。无味，易溶于水，极难溶于乙醇。

葡萄糖酸锌在制备药物前，要经过多个项目的检测。本次实验只是对产品质量进行初步分析，用比浊法检测所制产物的硫酸盐。《中华人民共和国药典》规定葡萄糖酸锌含量应在 97% ~ 102%。

三、仪器与试剂

1. 仪器

烧杯、蒸发皿、电炉、抽滤瓶、真空泵、量筒、干燥箱、电热恒温水浴锅、布氏漏斗、锥形瓶、移液管、比色管、普通电子天平。

2. 试剂

葡萄糖酸钙（分析纯）、硫酸锌（分析纯）、95% 乙醇、盐酸（$3\ mol \cdot L^{-1}$）、标准硫酸钾溶液（硫酸根含量 $100\ mg \cdot L^{-1}$）、氯化钡溶液（25%）。

四、实验内容

1. 葡萄糖酸锌的制备

量取 20 ml 蒸馏水置烧杯中，加热至 80 ~ 90℃，加入 3.5 g $ZnSO_4 \cdot 7H_2O$ 使完全溶解，将烧杯放在 90℃的恒温水浴中，再逐渐加入葡萄糖酸钙 5 g，并不断搅拌。在 90℃水浴上保温 20 min 后趁热抽滤（滤渣为 $CaSO_4$，弃去），滤液转移至蒸发皿中并在电炉上小火加热浓缩至黏稠状（体积约为 5 ml，黏稠的状态像胶水，如浓缩液有沉淀，需过滤掉）。滤液冷却至室温，加 95% 乙醇 10 ml 并不断搅拌，此时有大量的胶状葡萄糖酸锌析出。充分搅拌后，用倾析法去除乙醇液。再在沉淀上加 95% 乙醇 10 ml，充分搅拌后，沉淀慢慢转变为晶体状，抽滤至干，即得粗品（母液回收）。再将粗品加水 10 ml，加热至溶解，趁热抽滤，滤液冷却至室温，加 95% 乙醇 10 ml 充分搅拌，结晶析出后，抽滤至干，即得精品，在 50℃烘干，称重并计算产率。

2. 硫酸盐的检查

取本品 0.5 g，加水溶解使成约 20 ml（溶液如显碱性，可滴加盐酸使呈中性）；溶液如不澄清，应过滤；置 25 ml 比色管中，加稀盐酸 2 ml，摇匀，即得供试溶液。另取标准硫酸钾溶液 2.5 ml，置 25 ml 比色管中，加水使成约 20 ml，加稀盐酸 2 ml，摇匀，即得对照溶液。于供试溶液与对照溶液中，分别加入 25% 氯化钡溶液 2 ml，用水稀释至 25 ml，充分摇匀，放置 10 min，同置黑色背景上，从比色管上方向下观察、比较，如发生浑浊，与标准硫酸钾溶液制成的对照溶液比较，不得更浓（0.05%）。

五、实验注意事项

（1）葡萄糖酸钙与硫酸锌反应时间不可过短，保证充分生成硫酸钙沉淀。

（2）抽滤除去硫酸钙后的滤液如果无色，可以不用脱色处理。如果脱色处理，一定要趁热过滤，防止产物过早冷却而析出。

（3）在硫酸根检查试验中，要注意比色管对照管和样品管的配对；两管的操作要平行进行，受光照的程度要一致，光线应从正面照入，置白色背景（黑色浑浊）或黑色背景（白色浑浊）上，自上而下地观察。

六、思考题

（1）在沉淀和结晶葡萄糖酸锌时，都加入 95% 的乙醇，其作用是什么？

（2）葡萄糖酸锌含量测定结果若不符合规定，可能由哪些原因引起？

实验四　溶度积原理与同离子效应

一、实验目的

1. 掌握同离子效应、沉淀溶解平衡和溶度积原理的应用。
2. 掌握沉淀的溶解和转化的原理。
3. 掌握离心机的使用和离心分离的操作。

二、实验原理

在一定温度下，难溶强电解质的饱和溶液中，各离子浓度幂的乘积为一常数，即为溶度积常数 K_{sp}。可以利用比较离子积 IP（难溶强电解质溶液任意状态时，各离子浓度幂的乘积）和 K_{sp} 的大小的方法，来判断难溶强电解质溶液中反应进行的方向。

$$A_mB_n \rightleftharpoons mA^{n+} + nB^{m-}$$

$$K_{sp}=[A^{n+}]^m[B^{m-}]^n \qquad IP=c^m(A^{n+})\cdot c^n(B^{m-})$$

$IP>K_{sp}$，溶液是过饱和溶液，平衡向生成沉淀的方向移动，直到形成该温度下的饱和溶液而达到新的平衡，有沉淀生成。

$IP=K_{sp}$，溶液是饱和溶液，饱和溶液与沉淀物处于动态平衡状态，没有沉淀生成。

$IP<K_{sp}$，溶液是不饱和溶液，若体系中有固体存在，平衡向沉淀溶解方向移动，直到形成该温度下的饱和溶液而达到新的平衡，沉淀发生溶解。

在难溶强电解质溶液中加入少量含有相同离子的易溶强电解质使难溶强电解质溶解度降低的现象，称为同离子效应。

三、仪器与试剂

1. 仪器

试管、试管架、离心试管、酒精灯、试管夹、烧杯、离心机、电炉。

2. 试剂

HCl（6 mol · L^{-1}）、HNO_3（6 mol · L^{-1}）、$NH_3 \cdot H_2O$（6 mol · L^{-1}）、$Pb(NO_3)_2$（0.1 mol · L^{-1}，0.001 mol · L^{-1}）、NaCl（1 mol · L^{-1}，0.1 mol · L^{-1}）、KI（0.1 mol · L^{-1}，0.001 mol · L^{-1}）、K_2CrO_4（0.5 mol · L^{-1}，0.05 mol · L^{-1}）、PbI_2（饱和）、$AgNO_3$（0.1 mol · L^{-1}）、$BaCl_2$（0.5 mol · L^{-1}）、Na_2SO_4（饱和）、Na_2S（1 mol · L^{-1}，0.1 mol · L^{-1}）、$(NH_4)_2C_2O_4$（饱和）。

四、实验内容

（一）同离子效应和沉淀溶解平衡

1. 同离子效应

在试管中加入 1 ml 饱和 PbI_2 溶液，然后滴入 5 滴 0.1 mol · L^{-1} KI 溶液，振荡试管，观察和解释现象。

2. 沉淀溶解平衡

在离心试管中滴加 10 滴 0.1 mol · L^{-1} $Pb(NO_3)_2$ 溶液，然后滴入 5 滴 1 mol · L^{-1} NaCl 溶液，振荡离心试管，待沉淀完全后，离心分离。将上清液转移到另一试管中，加入少许 0.5 mol · L^{-1} K_2CrO_4 溶液，观察和解释现象，并写出反应式。

（二）溶度积规则的应用

取 2 支试管，在第 1 支试管中加入 1 ml 0.1 mol · L^{-1} $Pb(NO_3)_2$ 溶液，再加入 1 ml 0.1 mol · L^{-1} KI 溶液，振荡试管；在第 2 支试管中加入 1 ml 0.001 mol · L^{-1} $Pb(NO_3)_2$ 溶液，再加入 1 ml 0.001 mol · L^{-1} KI 溶液，振荡试管；比较两支试管的现象并解释。

（三）分步沉淀

在 1 支 10 ml 的离心试管中加入 2 滴 0.1 mol · L^{-1} Na_2S 溶液和 5 滴 0.05 mol · L^{-1} K_2CrO_4 溶液，加蒸馏水稀释至 5 ml，混合均匀后，逐滴加入 0.1 mol · L^{-1} $Pb(NO_3)_2$ 溶液，振荡，仔细观察生成的沉淀的颜色。离心分离后，继续向上清液中滴加 0.1 mol · L^{-1} $Pb(NO_3)_2$ 溶液，观察沉淀的颜色。解释生成沉淀的先后顺序，并写出有关反应式。

（四）沉淀的溶解

1. 10 ml 离心试管中滴加 5 滴 0.5 mol · L^{-1} $BaCl_2$ 溶液，再滴加 3 滴饱和 $(NH_4)_2C_2O_4$ 溶液，观察沉淀的生成；离心分离，弃去上层清液，在沉淀上滴加 6 mol · L^{-1} HCl 溶液，振荡，观察现象，写出反应式并解释。

2. 在 10 ml 离心试管中滴加 10 滴 0.1 mol · L^{-1} $AgNO_3$ 溶液，再滴加 3 ~ 4 滴 1 mol · L^{-1} NaCl 溶液，观察沉淀的生成，离心分离，弃去上层清液；在沉淀上逐滴滴加 6 mol · L^{-1} 氨水，观察现象，写出反应式并解释。

3. 在 2 支 10 ml 的离心试管中滴加 10 滴 0.1 mol · L^{-1} $AgNO_3$ 溶液，滴入 3 ~ 4 滴 1 mol · L^{-1} Na_2S 溶液，观察现象。离心分离，弃去上层清液，向其中一份沉淀中滴加 6 mol · L^{-1} 硝酸少许，在酒精灯上加热，观察现象，写出反应式并解释。向另一份沉淀中滴加 6 mol · L^{-1} 盐酸少许，加热，观察现象。对比两支试管的现象，写出反应式并解释。

（五）沉淀的转化

（1）在离心试管中滴加 5 滴 0.1 mol · L^{-1} $Pb(NO_3)_2$ 溶液，滴入 1 mol · L^{-1} NaCl

溶液，振荡，离心分离，弃去上清液，观察沉淀 $PbCl_2$ 的颜色。用 0.5 ml 蒸馏水洗涤沉淀 1 次（为什么要洗涤沉淀？沉淀洗涤的操作是什么？），继续往沉淀中滴加 3 滴 0.1 mol · L^{-1} KI 溶液，振荡试管，观察沉淀颜色的变化（现在的沉淀是什么？）。离心分离，弃去上清液，用 0.5 ml 蒸馏水洗涤沉淀，向沉淀中滴加 3 滴饱和 Na_2SO_4 溶液，振荡试管，仔细观察沉淀颜色的变化（现在的沉淀是什么？）。观察每一步沉淀的颜色变化，写出相应的反应式并解释。

（2）在离心试管中滴加 5 滴 0.1 mol · L^{-1} $Pb(NO_3)_2$ 溶液，滴入 1 mol · L^{-1} NaCl 溶液，振荡，离心分离，弃去上清液，观察沉淀 $PbCl_2$ 的颜色。用 0.5 ml 蒸馏水洗涤沉淀 1 次，继续往沉淀中滴加 3 滴 0.5 mol · L^{-1} K_2CrO_4 溶液，振荡试管，观察沉淀颜色的变化（现在的沉淀是什么？）。离心分离，弃去上清液，用 0.5 ml 蒸馏水洗涤沉淀，向沉淀中滴加 3 滴 1 mol · L^{-1} Na_2S 溶液，振荡试管，观察沉淀颜色的变化（现在的沉淀是什么？）。观察每一步沉淀的颜色变化，写出相应的反应式并解释。

五、实验注意事项

（1）实验前注意查看溶液浓度，滴加顺序，不要滴错，否则可能导致实验结果错误。

（2）使用离心机时，离心管必须对称放入套管中，防止机身振动，若只有一支样品管，另外一支要用等质量的水代替。

六、思考题

1. 判断题

（1）两种难溶电解质，K_{sp} 较大者，其溶解度也较大。（　　）

（2）$BaSO_4$ 在纯水中的溶解度与在生理盐水中的溶解度相等。（　　）

（3）难溶电解质溶度积 K_{sp} 与离子积 IP 表达式一样，所以其意义相同。（　　）

（4）$MgCO_3$ 的溶度积常数 $K_{sp} = 6.82 \times 10^{-6}$，这意味着所有含有固体 $MgCO_3$ 的溶液中，$[Mg^{2+}] = [CO_3^{2-}]$，且 $[Mg^{2+}][CO_3^{2-}] = 6.82 \times 10^{-6}$。（　　）

（5）溶度积常数相等的两物质，溶解度也相同。（　　）

（6）所谓沉淀完全，就是用沉淀剂把溶液中某一离子除净。（　　）

（7）同离子效应使难溶电解质的溶解度降低。（　　）

（8）难溶电解质的溶度积 K_{sp} 较小者，它的溶解度就一定小。（　　）

（9）AgCl 的 $K_{sp}=1.77 \times 10^{-10}$，$Ag_3PO_4$ 的 $K_{sp}=1.05 \times 10^{-10}$，在 Cl^- 和 PO_4^{3-} 浓度相同的溶液中，滴加 $AgNO_3$ 溶液，先析出 Ag_3PO_4 沉淀。（　　）

（10）在一定温度下，AgCl 饱和溶液中 Ag^+ 和 Cl^- 浓度的乘积是常数。（　　）

（11）沉淀转化的方向是由 K_{sp} 大的转化为 K_{sp} 小的。（　　）

（12）用水稀释含有 AgCl 固体的溶液时，AgCl 溶度积不变，其溶解度也不变。（　　）

2. 选择题

（1）向 5 ml NaCl 溶液中滴入 1 滴 $AgNO_3$ 溶液，出现白色沉淀，继续滴加 1 滴 KI 溶液并振荡，沉淀变为黄色，再滴入 1 滴 Na_2S 溶液并振荡，沉淀又变成黑色。根据上述变化过程，分析此三种沉淀物的溶解度关系为

A. $AgCl = AgI = Ag_2S$　　B. $AgCl > AgI > Ag_2S$

C. $AgCl < AgI < Ag_2S$　　D. $AgI > AgCl > Ag_2S$

（2）某难溶电解质 M_3X_2 的 $K_{sp} = 1.08 \times 10^{-23}$，则其在水中的溶解度为

A. 1.0×10^{-5} mol · L^{-1}　　B. 1.0×10^{-6} mol · L^{-1}

C. 1.0×10^{-7} mol · L^{-1}　　D. 1.0×10^{-8} mol · L^{-1}

（3）$BaSO_4$ 在下列溶液中溶解度最大的是

A. 1.0 mol · L^{-1} H_2SO_4　　B. 2.0 mol · L^{-1} $BaCl_2$

C. 纯水　　D. 1.0 mol · L^{-1} NaCl

（4）使 $CaCO_3$ 具有最大溶解度的溶液是

A. H_2O　　B. Na_2CO_3　　C. KCl　　D. $CaCl_2$

（5）在 Ag_2CrO_4 的饱和溶液中加入 HNO_3 溶液，则

A. 沉淀增加　　B. 沉淀溶解　　C. 无现象发生　　D. 无法判断

（6）已知 K_{sp}（AB）= 4.0×10^{-10}；K_{sp}（A_2B）= 3.2×10^{-11}，两者在水中的溶解度关系为

A. S（AB）> S（A_2B）　　B. S（AB）< S（A_2B）

C. S（AB）= S（A_2B）　　D. 不能确定

（7）$Mg(OH)_2$ 沉淀在下列哪种情况下其溶解度最大

A. 纯水中　　B. 在 0.1 mol · L^{-1} HCl 中

C. 在 0.1 mol · L^{-1} $NH_3 \cdot H_2O$　　D. 在 0.1 mol · L^{-1} $MgCl_2$ 中

（8）K_{sp}（AgCl）= 1.8×10^{-10}，AgCl 在 0.01 mol · L^{-1} NaCl 溶液中的溶解度（mol · L^{-1}）为

A. 1.8×10^{-10}　　B. 1.34×10^{-5}　　C. 1.00×10^{-3}　　D. 1.8×10^{-8}

（9）某溶液中加入一种沉淀剂时，发现有沉淀生成，其原因是

A. 离子积 > 溶度积常数　　B. 离子积 < 溶度积常数

C. 离子积 = 溶度积常数　　D. 无法判断

（10）CaF_2 沉淀的 K_{sp} 为 2.7×10^{-11}，CaF_2 在纯水中的溶解度（mol · L^{-1}）为

A. 1.9×10^{-4}　　B. 9.1×10^{-4}　　C. 1.9×10^{-3}　　D. 9.1×10^{-3}

（11）化工生产中常用 MnS 作为沉淀剂除去工业废水中的 Cu^{2+}：$Cu^{2+}(aq) + MnS(s) \rightleftharpoons CuS(s) + Mn^{2+}(aq)$，下列说法错误的是

A. MnS 的 K_{sp} 比 CuS 的 K_{sp} 大

B. 该反应达平衡时 $c(Cu^{2+}) = c(Mn^{2+})$

C. 往平衡体系中加入少量 $CuSO_4$ 固体后，$c(Mn^{2+})$ 变大

D. 该反应的平衡常数 $K = K_{sp}(MnS)/K_{sp}(CuS)$

（12）将含 SO_4^{2-} 2.00×10^{-3} mol · L^{-1} 的溶液与含 Ba^{2+} 3.00×10^{-5} mol · L^{-1} 的溶液等体积

混合，已知 $BaSO_4$ 的 $K_{sp} = 1.07 \times 10^{-10}$，结果为

A. 产生沉淀　　B. 不沉淀　　C. 沉淀溶解　　D. 无法判断

（13）溶液中 $FeCl_2$ 和 $CuCl_2$ 的浓度均为 0.10 mol · L^{-1}，向其中通入 H_2S 气体至饱和（H_2S 的浓度为 0.1 mol · L^{-1}），已知 K_{sp}（FeS）=6.3×10^{-18}，K_{sp}（CuS）=6.3×10^{-36}，则生成沉淀的情况为

A. 先生成 CuS，后生成 FeS　　B. 先生成 FeS，后生成 CuS

C. 只生成 CuS，不生成 FeS　　D. 只生成 FeS，不生成 CuS

（14）有关 AgCl 沉淀溶解平衡说法正确的是

A. AgCl 沉淀生成和沉淀溶解不断进行，但速率为 0

B. AgCl 难溶于水，溶液中没有 Ag^+ 和 Cl^-

C. 向 AgCl 沉淀中加入固体 NaCl，AgCl 沉淀的溶解度不变

D. 沉淀溶解达到平衡时，沉淀的速率和溶解的速率相等

3. 简答题

（1）采用加入 KBr 溶液的方法，将 AgCl 沉淀转化为 AgBr 沉淀。求 Br^- 的浓度必须保持大于 Cl^- 的浓度的多少倍？

已知 AgCl 的 $K_{sp} = 1.77 \times 10^{-10}$，AgBr 的 $K_{sp} = 5.35 \times 10^{-13}$。

（2）在某一溶液中，Zn^{2+}、Pb^{2+} 离子的浓度均为 0.2 mol · L^{-1}，在室温下通入 H_2S 气体，使之饱和，然后加入盐酸，控制离子浓度，问 pH 调到何值时，才能有 PbS 沉淀，而 Zn^{2+} 离子不会形成 ZnS 沉淀？

已知 K_{sp}（PbS）= 4.0×10^{-26}，K_{sp}（ZnS）= 1.0×10^{-20}，H_2S：K_{a1}=8.9×10^{-8}，K_{a2}=1.2×10^{-13}，饱和 H_2S 的浓度为 0.1 mol · L^{-1}。

（3）已知 298 K 时 $BaSO_4$ 和 $Zn(OH)_2$ 在水中的溶解度分别为 1.04×10^{-5} mol · L^{-1} 和 1.96×10^{-6} mol · L^{-1}，计算该温度下 $BaSO_4$ 和 $Zn(OH)_2$ 的溶度积常数 K_{sp}。

（4）已知 298 K 时 $Fe(OH)_3$ 的 K_{sp} 值为 2.79×10^{-39}，求该温度时 $Fe(OH)_3$ 的溶解度 S。

（5）在 10 ml 0.002 mol · L^{-1} $MnSO_4$ 溶液中加入 10 ml 0.1 mol · L^{-1} $NH_3 \cdot H_2O$，能否生成 $Mn(OH)_2$ 沉淀？

实验五　邻二氮菲分光光度法测定铁含量

一、实验目的

1. 掌握分光光度法测定微量铁含量的基本操作和方法。
2. 熟悉分光光度法测定物质含量的一般条件。
3. 熟悉 722 型分光光度计的构造和使用。

二、实验原理

利用分光光度法测定微量铁时，邻二氮菲是常用的显色试剂，在 pH=2～9 的条件下，Fe^{2+} 与邻二氮菲生成稳定的橘红色络合物，反应式如下：

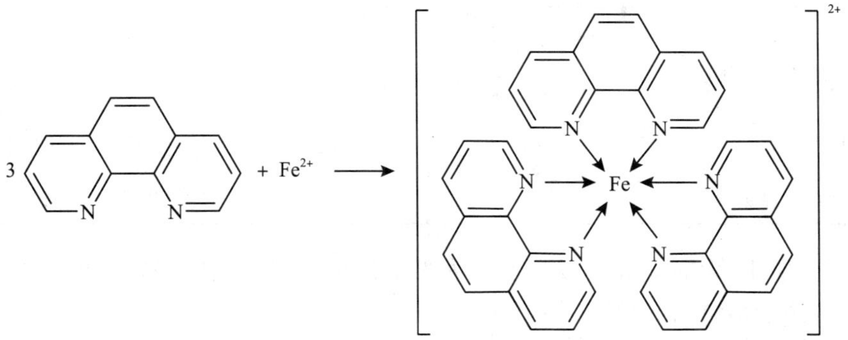

此络合物的 $\lg K_{稳}=21.3$，摩尔吸光系数 $\varepsilon_{510}=1.1\times10^4$。测定时，一般将溶液酸度控制在 pH=5 左右，因为当酸度高时，反应进行较慢；酸度太低，则 Fe^{2+} 易水解，影响显色。

在显色前，需加入适量的盐酸羟胺将 Fe^{3+} 还原为 Fe^{2+}，其反应式如下：

$$2Fe^{3+} + 2NH_2OH \cdot HCl \longrightarrow 2Fe^{2+} + N_2 + 2H_2O + 4H^+ + 2Cl^-$$

三、仪器与试剂

1. 仪器

722 型分光光度计、移液管、量筒、容量瓶。

2. 试剂

铁标准溶液（$10\ \mu g\cdot ml^{-1}$）、铁备用液（$100\ \mu g\cdot ml^{-1}$）、盐酸羟胺溶液（10%）、邻二氮菲溶液（0.1%）、NaAc 溶液（$1\ mol\cdot L^{-1}$）。

四、实验内容

1. 条件试验

（1）吸收曲线的测绘：准确移取 $10\ \mu g\cdot ml^{-1}$ 的铁标准溶液 5 ml 于 50 ml 容量瓶中，加入 10% 盐酸羟胺溶液 1 ml，摇匀，静置 2 min 后，加入 $1\ mol\cdot L^{-1}$ NaAc 溶液 5 ml 和 0.1% 邻二氮菲溶液 3 ml，加水稀释至刻度。在 722 型分光光度计上，用 1 cm 的比色皿，以水为参比溶液，从 600 nm 波长处开始到 400 nm 波长处为止，每隔 10 nm 测定 1 次吸光度 A。

以波长为横坐标，吸光度 A 为纵坐标绘制出吸收曲线，从吸收曲线上确定测定波长（最大吸收波长）。

（2）稳定性实验：在选定的测定波长（如 510 nm）处，用上述配制好的溶液每隔一定时间测定其吸光度 A，并将结果记录于表 2-3。

表 2-3 溶液吸光度 A 随反应时间变化记录表

反应时间 t（min）	吸光度 A	反应时间 t（min）	吸光度 A	反应时间 t（min）	吸光度 A
0		20		50	
5		25		60	
10		30		90	
15		40		120	

以反应时间 t 为横坐标，吸光度 A 为纵坐标绘制出方法的稳定性曲线，从稳定性曲线确定反应的适宜时间范围。

（3）显色剂浓度实验：取 50 ml 容量瓶 7 个，进行编号，用 5 ml 移液管准确移取 10 μg · ml^{-1} 铁标准溶液 5 ml 于容量瓶中，然后加入 1 ml 10% 盐酸羟胺溶液，静置 2 min 后，加入 5 ml 1 mol · L^{-1} NaAc 溶液，然后分别加入 0.1% 邻二氮菲溶液 0.3 ml、0.6 ml、1.0 ml、1.5 ml、2.0 ml、3.0 ml、4.0 ml，用水稀释至刻度，摇匀。在选定的测定波长（如 510 nm）处，用 1 cm 比色皿，以水为参比，测定上述各溶液的吸光度 A，并将结果记录于表 2-4。

表 2-4 溶液吸光度 A 随邻二氮菲溶液加入量的变化记录表

$V_{邻二氮菲}$（ml）	吸光度 A	$V_{邻二氮菲}$（ml）	吸光度 A	$V_{邻二氮菲}$（ml）	吸光度 A
0.3		1.5		4.0	
0.6		2.0			
1.0		3.0			

以加入的 0.1% 邻二氮菲溶液体积 V 为横坐标，吸光度 A 为纵坐标，绘制曲线，从中找出 0.1% 邻二氮菲溶液的最适宜加入量。

（4）测定酸度的确定：准确移取 50 μg · ml^{-1} 铁标准溶液 5 ml 于 100 ml 容量瓶中，加入 2 mol · L^{-1} 的 HCl 溶液 5 ml 和 10% 盐酸羟胺溶液 10 ml，2 min 后，加入 0.1% 邻二氮菲溶液 30 ml，用水稀释至刻度，摇匀，备用。

取 50 ml 容量瓶 7 个，进行编号，用移液管分别准确移取上述配制好的溶液 10 ml 于各容量瓶中。在滴定管中装入 1 mol · L^{-1} NaAc 溶液，然后依次在容量瓶中加入 1 mol · L^{-1} NaAc 溶液 0.0 ml、1.0 ml、2.0 ml、3.0 ml、4.0 ml、5.0 ml、6.0 ml，以水稀释至刻度，摇匀，测定各容量瓶中溶液的 pH（先用 pH 为 1 ~ 14 广泛 pH 试纸粗略确定其 pH，然后用精密 pH 试纸确定其较准确的 pH）。在选定的测定波长（如 510 nm）处，用 1 cm 比色皿，以水为参比，测定上述各溶液的吸光度 A，并将结果记录于表 2-5。

表 2-5 吸光度 A 随溶液 pH 值的变化记录表

V_{NaAc}（ml）	溶液 pH	吸光度 A	V_{NaAc}（ml）	溶液 pH	吸光度 A
0.0			4.0		
1.0			5.0		
2.0			6.0		
3.0					

以 pH 为横坐标，吸光度 A 为纵坐标，绘制 A-pH 曲线，确定出适宜的 pH 范围。

根据上述条件实验，确定分光光度法测定微量铁的适宜波长、反应时间、显色剂用量、酸度范围。

2. 未知铁溶液中铁含量的测定

（1）标准曲线的绘制：取 25 ml 容量瓶 6 个，编号后按表 2-6 配制标准溶液。未知铁溶液也按表 2-6 的方法配制样品溶液。

表 2-6 测定用标准溶液的配制

	1	2	3	4	5	6	样品
50 μg·ml^{-1} 铁标准溶液（ml）	0.00	0.50	1.00	1.50	2.00	2.50	2.50
10% 盐酸羟胺（ml）	1.00	1.00	1.00	1.00	1.00	1.00	1.00
静置时间（min）	2	2	2	2	2	2	2
1mol·L^{-1}NaAc（ml）	2.50	2.50	2.50	2.50	2.50	2.50	2.50
0.1% 邻二氮菲（ml）	3.00	3.00	3.00	3.00	3.00	3.00	3.00
用水稀释至（ml）	25.00	25.00	25.00	25.00	25.00	25.00	25.00
稀释后铁标准溶液的浓度（μg·ml^{-1}）							
吸光度 A							

在选定的测定波长（如 510 nm）处，用 1 cm 比色皿，以水为参比，测定上述各溶液的吸光度 A，并将结果记录于表 2-6。

以 1～6 号容量瓶中稀释后铁标准溶液的浓度（μg·ml^{-1}）为横坐标，吸光度 A 为纵坐标，绘制标准曲线。

（2）样品溶液中铁含量的测定：按上述相同的方法测定样品溶液的吸光度 A，由此吸光度 A 在标准曲线上查出样品溶液中的铁含量，计算出未知铁溶液的浓度（μg·ml^{-1}）。

五、实验注意事项

（1）分光光度法测定物质含量时要先确定显色反应的条件与测量条件。显色反应的条件包括：显色剂用量、介质的酸度、显色时溶液的温度、显色时间及干扰物质的消除方法等；测量条件包括：入射光波长、吸光度范围、参比溶液等。

（2）10% 盐酸羟胺溶液不稳定，需临用时配制。

（3）10 μg·ml^{-1} 铁标准溶液和 0.1% 邻二氮菲溶液易污染变质，使用时需新配制。

六、思考题

（1）绘制吸收曲线和标准曲线的目的是什么？

（2）为什么在显色前要加入盐酸羟胺和 HAc-NaAc 缓冲溶液？

（3）酸度对邻二氮菲的显色有何影响？

实验六　缓冲溶液的配制与性质、溶液 pH 测定

一、实验目的

1. 掌握缓冲溶液的性质、缓冲容量与缓冲溶液总浓度及缓冲比的关系。
2. 学会缓冲溶液的配制方法，练习移液管的使用方法。
3. 学会溶液 pH 的两种测定方法：缓冲比色法和 pH 计法。

二、实验原理

缓冲溶液具有抵抗少量强酸、强碱或稍加稀释仍保持其 pH 基本不变的作用。缓冲溶液一般由弱酸（HB）和其共轭碱（B^-）组成，其 pH 可通过下列公式进行近似计算：

$$pH = pK_a + \lg\frac{c_{B^-}}{c_{HB}}$$

其中 K_a 为弱酸（HB）的解离常数，c_{HB} 和 c_{B^-} 分别为弱酸（HB）和其共轭碱（B^-）的初始浓度，c_{B^-}/c_{HB} 为缓冲溶液的缓冲比。

由以上式可知：缓冲溶液的 pH 主要取决于共轭酸的解离常数，其次是缓冲溶液的缓冲比。

配制缓冲溶液时，若使用相同浓度的弱酸（HB）和其共轭碱（B^-），此时，缓冲比也等于共轭碱（B^-）与弱酸（HB）的体积比，即：

$$pH = pK_a + \lg\frac{V_{B^-}}{V_{HB}}$$

其中 V_{HB} 和 V_{B^-} 分别为弱酸（HB）和其共轭碱（B^-）的初始体积。

缓冲容量 β 可用于衡量缓冲溶液缓冲能力的大小，β 值越大则缓冲溶液的缓冲能力越强。缓冲容量 β 的大小与缓冲溶液的总浓度（$c_{总} = c_{HB} + c_{B^-}$）和缓冲比有关，缓冲溶液的总浓度越大，缓冲容量越大，缓冲比越接近 1，缓冲容量越大，当缓冲比为 1

时，缓冲溶液具有最大缓冲容量。

溶液 pH 可以通过 pH 计来测量，也可用 pH 试纸进行测量。

三、仪器与试剂

1. 仪器

移液管、烧杯、量筒、洗耳球、胶头滴管。

2. 试剂

HAc（0.1 mol · L^{-1}，1.0 mol · L^{-1}）、NaAc（0.1 mol · L^{-1}，1.0 mol · L^{-1}）、NaOH（0.5 mol · L^{-1}）、HCl（0.5 mol · L^{-1}）、甲基红指示剂。

3. 其他

广泛 pH 试纸。

四、实验内容

1. 配制缓冲溶液

按表 2-7 中用量，用移液管分别量取相应溶液于 3 个 50 ml 烧杯中配制甲、乙、丙三种缓冲溶液，用广泛 pH 试纸分别测定其 pH 并记录。甲、乙、丙三种缓冲溶液保留备用。

表 2-7　缓冲溶液的配制

	试剂	浓度 /（mol · L^{-1}）	用量 /ml	总体积 /ml	pH
甲液	HAc	1.0	5.00	10.00	
	NaAc	1.0	5.00		
乙液	HAc	0.1	5.00	10.00	
	NaAc	0.1	5.00		
丙液	HAc	0.1	1.00	10.00	
	NaAc	0.1	9.00		

2. 缓冲溶液的性质

（1）缓冲溶液的抗酸、抗碱、抗稀释作用：按表 2-8 用量分别用量筒量取相应溶液于 5 支试管中，使用广泛 pH 试纸测定各试管中溶液的 pH 并记录。然后在 1 号、3 号试管中加入 2 滴 0.5 mol · L^{-1} HCl 溶液，在 2 号、4 号试管中加入 2 滴 0.5 mol · L^{-1} NaOH 溶液，在 5 号试管中加 2 滴 H_2O。分别摇匀后再用广泛 pH 试纸测量各管溶液的 pH。按下表记录实验结果，观察现象，说明原因。

表 2-8　缓冲溶液的抗酸、抗碱、抗稀释作用

	1	2	3	4	5
	甲液 2.0 ml	甲液 2.0 ml	H_2O 2.0 ml	H_2O 2.0 ml	甲液 2.0 ml
pH					
	0.5 $mol \cdot L^{-1}$ HCl 2 滴	0.5 $mol \cdot L^{-1}$ NaOH 2 滴	0.5 $mol \cdot L^{-1}$ HCl 2 滴	0.5 $mol \cdot L^{-1}$ NaOH 2 滴	H_2O 2 滴
pH					
ΔpH					

（2）缓冲容量与缓冲比和总浓度 $c_{总}$ 的关系：取 3 支试管并编号，1 号试管加入甲液 2.0 ml，2 号试管加入乙液 2.0 ml，3 号试管加入丙液 2.0 ml。再在 3 支试管中各加入 1 滴甲基红指示剂，摇匀，观察颜色。然后分别滴加 0.5 $mol \cdot L^{-1}$NaOH 溶液，直到溶液的颜色刚好变成黄色（每加入 1 滴 NaOH 溶液后摇匀观察）。在表 2-9 中记录所用 NaOH 溶液的滴数。解释所得结果。

甲基红指示剂变色范围：

pH	<4.2	4.2～6.3	>6.3
颜色	红色	橙色	黄色

表 2-9　缓冲容量实验

	1	2	3
溶液	甲液 2.0 ml	乙液 2.0 ml	丙液 2.0 ml
甲基红指示剂	1 滴	1 滴	1 滴
溶液颜色变化	红色变为黄色	红色变为黄色	橙色变为黄色
需加入 NaOH（滴）			

五、实验注意事项

（1）实验中所用移液管应用相应溶液润洗。

（2）试管中滴加试剂后应摇匀溶液，使溶液混合均匀。

六、思考题

1. 判断题

（1）0.1 $mol \cdot L^{-1}$ 的 KH_2PO_4 和 0.05 $mol \cdot L^{-1}$ 的 NaOH 以等体积混合，可以配制成缓冲溶液。(　　)

（2）缓冲溶液被稀释后，溶液的 pH 基本不变，故缓冲容量基本不变。(　　)

（3）酸（或碱）与其相应的可溶性盐可以组成缓冲溶液。(　　)

（4）缓冲溶液的缓冲容量大小只与缓冲比有关。(　　)

（5）缓冲溶液中，其他条件相同时，缓冲对的 pK_a 越接近缓冲溶液的 pH 时，该缓冲溶液的缓冲容量就一定越大。（　　）

（6）在一定范围内稀释缓冲溶液后，由于［共轭碱］与［共轭酸］的比值不变，故缓冲溶液的 pH 和缓冲容量均不变。（　　）

（7）可采用在某一元弱酸 HB 中，加入适量 NaOH 的方法来配制缓冲溶液。（　　）

（8）总浓度越大，缓冲容量越大，缓冲溶液的缓冲能力越强。（　　）

（9）正常人体血浆中，碳酸缓冲系的缓冲比为 20∶1，所以该缓冲系无缓冲作用。（　　）

（10）HAc 溶液和 NaOH 溶液混合可以配成缓冲溶液，条件是 NaOH 比 HAc 的物质的量适当过量。（　　）

（11）由 HB 和 NaB 组成的缓冲溶液，HB 和 B^- 的平衡浓度分别近似等 c（HB）和 c（NaB）。（　　）

（12）由于 NH_4Cl-$NH_3\cdot H_2O$ 缓冲溶液的 pH 大于 7，故不能抵抗少量的强碱。（　　）

（13）同一缓冲系的缓冲溶液，总浓度相同时，只有 pH=pK_a 的溶液，缓冲容量最大。（　　）

（14）缓冲溶液能抵抗外来少量酸碱影响，保持 pH 基本不变。（　　）

2. 选择题

（1）用 H_3PO_4（pK_{a1}=2.12，pK_{a2}=7.21，pK_{a3}=12.67）和 NaOH 所配成的 pH=12.0 的缓冲溶液中，抗碱成分是

A. PO_4^{3-}　　B. HPO_4^{2-}　　C. H_3PO_4　　D. $H_2PO_4^-$

（2）某缓冲溶液的共轭碱的 $K_b=1.0\times10^{-9}$，从理论上推算该缓冲溶液的缓冲范围是

A. 6～8　　B. 8～10　　C. 4～6　　D. 10～11

（3）无论按何种比例混合，都不能与 KH_2PO_4 组成缓冲溶液的是

A. HCl　　B. NaOH　　C. H_3PO_4　　D. NaH_2PO_4

（4）下列说法不正确的是

A. 对于一个给定的缓冲系来说，pK_a 是一定的，所以 pH 取决于缓冲比

B. 缓冲比等于 1 时，pK_a=pH

C. 稀释缓冲溶液时，溶液的 pH 基本不变，因为在缓冲溶液中有抗酸和抗碱成分

D. 高浓度的强酸强碱溶液也有一定的缓冲作用

（5）25℃时，总浓度为 0.10 $mol\cdot L^{-1}$ 的 NH_4^+-NH_3 溶液 pH 或 pOH 为下列何值时，缓冲容量最大（已知 NH_3 的 pK_b=4.75）

A. pOH=12　　B. pOH=8　　C. pH=8　　D. pH=9

（6）欲配制 pH=7 的缓冲溶液，下列缓冲对中应选

A. HAc-NaAc，HAc 的 $K_a=1.75\times10^{-5}$

B. $NaHCO_3$-Na_2CO_3，H_2CO_3 的 $K_{a2}=5.61\times10^{-11}$

C. NaH_2PO_4-Na_2HPO_4，H_3PO_4 的 $K_{a2}=6.23\times10^{-8}$

D. NH_3-NH_4Cl，NH_3 的 $K_b=1.75\times10^{-5}$

（7）影响缓冲容量的主要因素是

A. 缓冲溶液的 pH 和缓冲比　　B. 弱酸的 pK_a 和缓冲比

C. 弱酸的 pK_a 和缓冲溶液的总浓度　　D. 缓冲溶液的总浓度和缓冲比

（8）下列各组分等体积混合的溶液，无缓冲作用的是

A. 0.2 $mol\cdot L^{-1}$ 邻苯二甲酸氢钾和等体积的水

B. 0.2 $mol\cdot L^{-1}$ HCl 和 0.2 $mol\cdot L^{-1}$ $NH_3\cdot H_2O$

C. 0.2 $mol\cdot L^{-1}$ KH_2PO_4 和 0.2 $mol\cdot L^{-1}$ Na_2HPO_4

D. 0.01 $mol\cdot L^{-1}$ NaOH 和 0.2 $mol\cdot L^{-1}$ HAc

（9）下列各组溶液中，能以一定体积比组成缓冲溶液的是

A. 浓度均为 0.1 $mol\cdot L^{-1}$ 的 NaAc 溶液和 HAc 溶液

B. 浓度均为 0.1 $mol\cdot L^{-1}$ 的 NaOH 溶液和 HCl 溶液

C. 浓度均为 0.1 $mol\cdot L^{-1}$ 的 NaOH 溶液和 NH_3 溶液

D. 浓度均为 0.1 $mol\cdot L^{-1}$ 的 HAc 溶液和 HCl 溶液

（10）醋酸的 $pK_a=4.76$，要想得到 pH=5.05 的缓冲溶液，则缓冲比为

A. 2/1　　B. 1/2　　C. 1/3　　D. 3/1

（11）已知 M（HAc）=60 $g\cdot mol^{-1}$，M（NaAc）=82 $g\cdot mol^{-1}$，HAc 的 $pK_a=4.76$，若 1.0 L 溶液中含有 6.0 g HAc 和 4.1 g NaAc，则此溶液的 pH 为

A. 2.46　　B. 3.46　　C. 4.46　　D. 5.46

（12）向 0.030 $mol\cdot L^{-1}$ HAc（$pK_a=4.76$）溶液中加入 NaAc 晶体，使 NaAc 的浓度为 0.100 $mol\cdot L^{-1}$，则溶液的 pH 接近于

A. 5.72　　B. 5.28　　C. 4.76　　D. 4.23

（13）人体血浆内最重要的缓冲对为

A. NaH_2PO_4-Na_2HPO_4　　B. $NaHCO_3$-H_2CO_3

C. Na- 蛋白质 -H- 蛋白质　　D. $KHbO_2$-$HHbO_2$

（14）人体血液的 pH 总是维持在 7.35～7.45 这一狭小的范围内。其主要原因是由于

A. 血液中的 HCO_3^- 和 H_2CO_3 只允许维持在一定的比率范围内

B. 人体内有大量的水分（约占体重的 70%）

C. 排出的 CO_2 气体一部分溶在血液中

D. 排出的酸性物质和碱性物质溶在血液中

（15）下列有关缓冲溶液的叙述中，错误的是

A. 总浓度一定时，缓冲比为 1 时，β 值最大

B. 缓冲范围大体上为 $pK_a\pm1$

C. 缓冲容量 β 越大，溶液的缓冲能力越强

D. 缓冲溶液稀释后，缓冲比不变，所以 pH 不变，β 也不变

（16）下列公式错误的是

A. pH=pK_a+lg［B^-］/［HB］

B. pH=pK_a+lg［HB］/［B^-］

C. pH=pK_a+lg［n（B）］/［n（HB）］

D. pH=−lg（K_w/K_b）+lg［B^-］/［HB］

（17）人体血浆存在的缓冲对中，其共轭碱是

A. HCO_3^-　　B. H_2CO_3　　C. CO_3^{2-}　　D. $H_2PO_4^-$

（18）下列各对溶液中，等体积混合后为缓冲溶液的是

A. 0.1 mol · L^{-1} NaOH 和 0.05 mol · L^{-1} H_2SO_4

B. 0.1 mol · L^{-1} NaAc 和 0.05 mol · L^{-1} K_2SO_4

C. 0.1 mol · L^{-1} HAc 和 0.05 mol · L^{-1} NaCl

D. 0.1 mol · L^{-1} NaAc 和 0.05 mol · L^{-1} HCl

（19）将下列各对溶液等体积混和后，不是缓冲溶液的是

A. 0.1 mol · L^{-1} NaAc 与 0.1 mol · L^{-1} NaCl

B. 0.2 mol · L^{-1} NH_3 和 0.1 mol · L^{-1} HCl

C. 0.2 mol · L^{-1} H_3PO_4 和 0.1 mol · L^{-1} NaOH

D. 0.2 mol · L^{-1} Na_2CO_3 和 0.2 mol · L^{-1} $NaHCO_3$

（20）下列各混合溶液中，具有缓冲作用的是

A. HCl（1 mol · L^{-1}）+ NaAc（2 mol · L^{-1}）

B. NaOH（1 mol · L^{-1}）+ NH_3（1 mol · L^{-1}）

C. HCl（1 mol · L^{-1}）+ NaCl（1 mol · L^{-1}）

D. NaOH（1 mol · L^{-1}）+ NaCl（1 mol · L^{-1}）

（21）0.36 mol · L^{-1} NaAc 溶液的 pH 为（HAc：K_a = 1.8 × 10^{-5}）

A. 4.85　　B. 5.15　　C. 9.15　　D. 8.85

（22）已知常温下 H_3PO_4 的 pK_{a1}=2.16，pK_{a2}=7.21，pK_{a3}=12.32。下列缓冲对中，最适合于配制 pH=2.0 缓冲溶液的是

A. H_3PO_4-$H_2PO_4^-$　　B. $H_2PO_4^-$-HPO_4^{2-}

C. HPO_4^{2-}-PO_4^{3-}　　D. H_3PO_4-PO_4^{3-}

（23）为测定某一元弱酸的电离常数，将待测弱酸溶于水得 50 ml 溶液，把此溶液分成两等份。一份用 NaOH 中和，然后与另一份未被中和的弱酸混合，测得此溶液 pH 为 4.00，则此弱酸的 K_a 为

A. 5.0 × 10^{-5}　　B. 2.0 × 10^{-4}　　C. 1.0 × 10^{-4}　　D. A、B、C 均不对

（24）配制 pH=7 的缓冲溶液时，选择最合适的缓冲对是

（HAc：K_a = 1.8 × 10^{-5}，NH_3：K_b= 1.8 × 10^{-5}；

H_3PO_4：K_{a1} = 7.52 × 10^{-3}，K_{a2} = 6.23 × 10^{-8}，K_{a3} = 4.4 × 10^{-13}；

H_2CO_3：K_{a1} = 4.30 × 10^{-7}，K_{a2} = 5.61 × 10^{-11}）

A. HAc-NaAc　　B. NH_3-NH_4Cl

C. NaH_2PO_4-Na_2HPO_4　　D. $NaHCO_3$-Na_2CO_3

（25）不能配制 pH = 7 左右的缓冲溶液的共轭酸碱混合物是

A. $NaHCO_3$-Na_2CO_3　　B. NaH_2PO_4-Na_2HPO_4

C. HClO-NaClO　　D. H_2CO_3-$NaHCO_3$

（已知 HClO：$K_a = 3.4 \times 10^{-8}$；H_2CO_3：$K_{a1} = 4.2 \times 10^{-7}$，$K_{a2} = 5.6 \times 10^{-11}$；$H_3PO_4$：$K_{a1} = 7.6 \times 10^{-3}$，$K_{a2} = 6.3 \times 10^{-8}$，$K_{a3} = 4.4 \times 10^{-13}$）

（26）将 0.10 mol·L^{-1} HAc 与 0.10 mol·L^{-1} NaOH 等体积混合，其 pH 为（HAc 的 $K_a = 1.76 \times 10^{-5}$）

A. 5.27　　B. 8.73　　C. 6.73　　D. 10.49

（27）用 0.20 mol·L^{-1}HAc 和 0.20 mol·L^{-1}NaAc 溶液直接混合（不加水），配制 1.0 L pH = 5.00 的缓冲溶液，需取 0.20 mol·L^{-1} HAc（HAc 的 $K_a = 1.76 \times 10^{-5}$）溶液

A. 6.4×10^2 ml　　B. 6.5×10^2 ml　　C. 3.5×10^2 ml　　D. 3.6×10^2 ml

（28）20 ml 0.10 mol·L^{-1} 的 HCl 溶液和 20 ml 0.10 mol·L^{-1} 的 NaAc 溶液混合，其 pH 为（HAc 的 $K_a = 1.76 \times 10^{-5}$）

A. 3.97　　B. 3.03　　C. 3.42　　D. 3.38

（29）下列各缓冲溶液的总体积相同，其中缓冲能力最强的是

A. 0.10 mol·L^{-1} $NH_3 \cdot H_2O$ 溶液和 0.10 mol·L^{-1} NH_4Cl 溶液等体积混合后的溶液

B. 0.20 mol·L^{-1} $NH_3 \cdot H_2O$ 溶液和 0.20 mol·L^{-1} NH_4Cl 溶液等体积混合后的溶液

C. 0.20 mol·L^{-1} $NH_3 \cdot H_2O$ 溶液和 0.20 mol·L^{-1} NH_4Cl 溶液以体积比 2∶1 混合后的溶液

D. 0.20 mol·L^{-1} $NH_3 \cdot H_2O$ 溶液和 0.10 mol·L^{-1} NH_4Cl 溶液等体积混合后的溶液

（30）欲配制 pH = 9.30 的缓冲溶液，下列缓冲对中最合适的是

A. $NaHCO_3$-Na_2CO_3（H_2CO_3 的 $pK_{a2} = 10.33$）

B. HAc-NaAc（HAc 的 $pK_a = 4.75$）

C. NH_3-NH_4Cl（NH_3 的 $pK_b = 4.75$）

D. NaH_2PO_4-Na_2HPO_4（H_3PO_4 的 $pK_{a2}=7.21$）

（31）下列混合溶液中，具有缓冲作用的是

A. 50 ml 0.10 mol·L^{-1} 的 KH_2PO_4 溶液 +50 ml 0.10 mol·L^{-1} 的 NaOH 溶液

B. 50 ml 0.10 mol·L^{-1} 的 HAc 溶液 +25 ml 0.10 mol·L^{-1} 的 NaOH 溶液

C. 50 ml 0.10 mol·L^{-1} 的 NH_3 溶液 +25 ml 0.20 mol·L^{-1} 的 HCl 溶液

D. 500 ml 0.10 mol·L^{-1} 的 $NaHCO_3$ 溶液 +5 ml CO_2 饱和水溶液（常温下 CO_2 的摩尔溶解度为 0.04 mol·L^{-1}）

（32）由相同浓度的 HB 溶液与 B^- 溶液等体积混合组成的缓冲溶液，若 B^- 的 $K_b = 1.0 \times 10^{-10}$，则此缓冲溶液的 pH 为

A. 4.0　　B. 5.0　　C. 7.0　　D. 10.0

（33）用相同浓度的 HCl 溶液和 $NH_3 \cdot H_2O$ 溶液（pK_b=4.76）配制 pH = 9.24 的缓冲溶液，HCl 溶液和 $NH_3 \cdot H_2O$ 溶液的体积比应为

A. 1∶1　　B. 1∶2　　C. 2∶1　　D. 3∶1

（34）配制 pH=9.30 的缓冲溶液，下列缓冲对中最合适的是

A. $NaHCO_3$-Na_2CO_3（H_2CO_3 的 pK_{a2} = 10.33）

B. HAc-NaAc（HAc 的 pK_a = 4.76）

C. NH_4Cl-$NH_3 \cdot H_2O$（$NH_3 \cdot H_2O$ 的 pK_b = 4.75）

D. Na_2HPO_4-Na_3PO_4（H_3PO_4 的 pK_{a3} = 12.32）

（35）配制 pH = 7.18 的缓冲溶液时，应选用的缓冲对是

A. $NaHCO_3$-Na_2CO_3（$K_{a2} = 5.6 \times 10^{-11}$）

B. NaH_2PO_4-Na_2HPO_4（$K_{a2} = 6.3 \times 10^{-8}$）

C. NH_3-NH_4Cl（$K_b = 1.8 \times 10^{-5}$）

D. HAc-NaAc（$K_a = 1.8 \times 10^{-5}$）

3. 简答题

（1）下列化学组合中，哪些可用来配制缓冲溶液？

① HCl + $NH_3 \cdot H_2O$ ② HCl + Tris

③ HCl + NaOH ④ Na_2HPO_4 + Na_3PO_4

⑤ H_3PO_4 + NaOH ⑥ NaCl + NaAc

（2）分别加 NaOH 溶液或 HCl 溶液于柠檬酸氢钠（缩写 Na_2HCit）溶液中。写出可能配制的缓冲溶液的抗酸成分、抗碱成分和各缓冲系的理论有效缓冲范围。如果上述三种溶液的物质的量浓度相同，它们以何种体积比混合，才能使所配制的缓冲溶液有最大缓冲容量？（已知 H_3Cit 的 pK_{a1}=3.13、pK_{a2}=4.76、pK_{a3}=6.40）

4. 计算题

（1）将 0.30 mol · L^{-1} 吡啶（C_5H_5N，pK_b=8.77）和 0.10 mol · L^{-1}HCl 溶液等体积混合，混合液是否为缓冲溶液？求此混合溶液的 pH。

（2）将 10.0 g Na_2CO_3 和 10.0 g $NaHCO_3$ 溶于水制备 250 ml 缓冲溶液，求溶液的 pH。

（3）人体血液中存在 H_2CO_3-HCO_3^- 缓冲对，若血液的 pH=7.4，又知 HCO_3^- 的浓度为 28 mmol · L^{-1}，且在血液中 H_2CO_3 的 pK_{a1}=6.1（考虑血液中其他因素的影响经校正后的数值）。试计算血液中 H_2CO_3 的浓度。

（4）某缓冲溶液中弱酸的浓度为 0.25 mol · L^{-1}，若在 100 ml 该缓冲溶液中加入 5.0 mmol 的 NaOH 后，溶液的 pH 变为 5.60。问原来缓冲溶液的 pH 是多少？（已知该弱酸的 K_a=5.0×10^{-5}）。

（5）欲配制 1000 ml pH 为 5.0 的缓冲溶液，试计算应在 100 ml 的 1.0 mol · L^{-1} 的丙酸溶液中加入 1.0 mol · L^{-1} 的 NaOH 溶液多少毫升？如何配制？（已知丙酸的 pK_a 为 4.87）

（6）要配制 450 ml pH = 9.30 的缓冲溶液，需 0.10 mol · L^{-1} 氨水和 0.10 mol · L^{-1} 盐酸各多少？若在此溶液中含有 0.020 mol · L^{-1} $MgCl_2$，能否产生 $Mg(OH)_2$ 沉淀？[NH_3 的 pK_b = 4.74，$Mg(OH)_2$ 的 $K_{sp} = 1.8 \times 10^{-11}$]

（7）现有 pH 为 3.00，5.00，10.00 的强酸或强碱溶液：

①将 pH = 3.00 和 pH = 5.00 的溶液等体积混合，混合溶液的 pH 为多少？

②将 pH = 5.00 和 pH = 10.00 的溶液等体积混合，混合溶液的 pH 为多少？

（8）在血液中，H_2CO_3-$NaHCO_3$ 缓冲对的功能之一是从细胞组织中迅速地除去运动产生的乳酸［Hlac：K_a（Hlac）= 8.4×10^{-4}］。

①已知 $K_{a1}(H_2CO_3) = 4.3 \times 10^{-7}$，求 $HLac + HCO_3^- \rightleftharpoons H_2CO_3 + Lac^-$ 的平衡常数 K。

②在正常血液中，$[H_2CO_3] = 1.4 \times 10^{-3}\ mol \cdot L^{-1}$，$[HCO_3^-] = 2.7 \times 10^{-2}\ mol \cdot L^{-1}$ 求 pH。

③若 1.0 L 血液中加入 5.0×10^{-3} mol HLac 后，pH 为多少？

（9）用 0.0200 mol 丙酸和 0.0150 mol 丙酸钠溶解在纯水中配成 1.00 L 缓冲溶液，精确计算以下各溶液 pH（小数点后两位）：

①该缓冲溶液 pH 是多少？

②向 10.0 ml 该缓冲溶液加入 1.00×10^{-5} mol NaOH，溶液 pH 是多少？

③取 10.0 ml 该缓冲溶液稀释至 1 L，溶液 pH 是多少？

（丙酸的 $K_a = 1.34 \times 10^{-5}$）

（10）已知 H_3PO_4 的 pK_{a1}=2.12，pK_{a2}=7.21，pK_{a3}=12.32。向一定浓度的 NaH_2PO_4 溶液中加入固体 NaOH 配制 pH 为 7.21 的缓冲溶液（忽略溶液体积变化），若使该溶液与人体血浆等渗（设血浆 c_{os}=300 mmol · L^{-1}），则 NaH_2PO_4 溶液的初始浓度为多少？

实验七　硫代硫酸钠的制备

一、实验目的

1. 了解硫代硫酸钠的制备方法。
2. 了解硫代硫酸钠的一些性质。
3. 熟练一些基本操作。

二、实验原理

硫代硫酸钠的五水合物（$Na_2S_2O_3 \cdot 5H_2O$），俗称海波，又名大苏打，为单斜晶系大粒棱晶，56℃时溶于其结晶水中，100℃时脱水。硫代硫酸钠易溶于水，其水溶液呈弱碱性。工业上或实验室的制备，可用硫黄和亚硫酸钠溶液共煮而发生化合反应：

$$Na_2SO_3 + S = Na_2S_2O_3$$

经过滤、蒸发、浓缩结晶，即可制得 $Na_2S_2O_3 \cdot 5H_2O$ 晶体。硫代硫酸钠溶液在浓缩时能形成过饱和溶液，此时加入几粒晶体（称为晶种），就可有晶体析出。硫代硫酸钠的重要性质之一是具有还原性，它是常用的还原剂。例如遇中等强度的氧化剂（I_2、Fe^{3+}）时，硫代硫酸钠被氧化成连四硫酸钠：

$$2Na_2S_2O_3 + I_2 = Na_2S_4O_6 + 2NaI$$

这一反应是定量分析中碘量法的基础。

硫代硫酸钠遇强氧化剂如 Cl_2 时，可被氧化成硫酸盐：

$$Na_2S_2O_3 + 4Cl_2 + 5H_2O \longrightarrow Na_2SO_4 + 8HCl + H_2SO_4$$

这一反应可用于纺织漂染及自来水中除氯。

硫代硫酸钠另一重要性质是配位性。例如银盐与过量硫代硫酸钠反应，能生成可溶性的二硫代硫酸根合银（Ⅰ）酸钠而使难溶的 AgBr 溶解：

$$2Na_2S_2O_3 + 2AgBr \longrightarrow NaBr + Na_3[Ag(S_2O_3)_2]$$

基于这一性质，硫代硫酸钠常用于感光胶片拍摄后的定影剂。

硫代硫酸钠可看作硫代硫酸的盐，硫代硫酸（$H_2S_2O_3$）极不稳定，所以硫代硫酸盐遇酸即分解：

$$Na_2S_2O_3 + 2HCl \longrightarrow 2NaCl + SO_2\uparrow + S\downarrow + H_2O$$

分解反应既有 SO_2 气体逸出，又有乳白色或乳黄色的硫析出而使溶液浑浊，这是硫代硫酸盐和亚硫酸盐的区别。

三、仪器与试剂

1. 仪器

烧杯、表面皿、玻璃棒、电炉、布氏漏斗、抽滤瓶、真空泵 、蒸发皿、石棉网、台秤、玻璃瓶盖。

2. 试剂

$Na_2S_2O_3$（分析纯）、硫黄粉、Na_2SO_3（分析纯）、乙醇（95%）、HCl（2 mol · L^{-1}）、碘水、氯水、$KMnO_4$（0.1 mol · L^{-1}）、$AgNO_3$ 溶液（0.1 mol · L^{-1}）。

3. 其他

pH 试纸。

四、实验内容

（1）称取 Na_2SO_3 12.6 g 置于烧杯中，加 75 ml 水，用表面皿作盖，加热、搅拌溶解，继续加热到近沸（表 2-10）。

（2）称取硫黄粉 4 g 放在小烧杯中，加水和乙醇（各半），将硫黄粉调成糊状，在搅拌下分次加入近沸的亚硫酸钠的溶液中，继续加热保持沸腾 1 ~ 1.5 h。

（3）反应完毕，趁热用布氏漏斗减压过滤，弃去未反应的硫黄粉。

（4）滤液转入蒸发皿中，并放在石棉网上加热蒸发、浓缩至≥20 ml，搅拌，冷却至室温。如无结晶析出，加几粒硫代硫酸钠晶体，搅拌，即有大量晶体析出，静置 20 min。

（5）用布氏漏斗减压过滤，并用玻璃瓶盖面轻压晶体，尽量抽干，取出称量，计算产率。

（6）产品性质检验：称取 0.3 g 产品，溶于 10 ml 水而成试液，做以下性质实验，观察并记录实验现象。

①检验试液的酸碱性。

②试液与 2 mol · L^{-1} 的盐酸反应。

③试液与碘水的反应。

④试液与氯水的反应，并检验有无 SO_4^{2-} 生成。

⑤试液与 $KMnO_4$ 酸性溶液的反应。

⑥ $S_2O_3^{2-}$ 的鉴定。

根据以上的实验现象，对产品性质作出结论。

表 2-10　有关物质的溶解度

物质	10℃	20℃	30℃	40℃	50℃
$Na_2S_2O_3 \cdot 5H_2O$	20	26.9	36		
Na_2SO_3				28	28.2
$Na_2S_2O_3$	61.0	70.0	84.7	102.6	169.7

五、实验注意事项

（1）蒸发时，刚有晶体析出就停止加热，冷却结晶。

（2）结晶时用玻璃棒搅拌，防止结成大块。

（3）在沸腾过程中，要经常搅拌，并将烧杯壁上黏附的硫用少量水冲洗下去，同时补偿水分的蒸发损失。

六、思考题

（1）根据制备反应原理，实验中哪种反应物应过量？可不可以让另外一种反应物过量？

（2）在蒸发浓缩的过程中，溶液可以蒸干吗？

实验八　碳酸钙中钙含量的测定

一、实验目的

1. 掌握氧化还原法间接测定钙含量的原理和方法。
2. 学习沉淀分离的基本知识和掌握沉淀、过滤及洗涤等操作。

二、实验原理

高锰酸钾法测定钙含量是一个氧化还原间接测定的方法，它利用 Ca^{2+} 与草酸根能生成难溶的草酸钙沉淀，将沉淀滤出并洗去剩余的 $C_2O_4^{2-}$，根据所消耗的 $KMnO_4$ 标准溶液体积，可间接地测得 Ca^{2+} 的含量。主要反应如下：

$$Ca^{2+}+C_2O_4^{2-} = CaC_2O_4 \downarrow$$

$$CaC_2O_4+H_2SO_4 = H_2C_2O_4 + CaSO_4 \downarrow$$

$$5H_2C_2O_4+2MnO_4^- + 6H^+ = 2Mn^{2+} +10CO_2 \uparrow + 8H_2O$$

在本实验中，生成完全的 CaC_2O_4 沉淀是获得准确结果的关键，同时为便于过滤，应尽量使沉淀颗粒粗大，所以必须适当控制沉淀 Ca^{2+} 的条件。一般是在酸性溶液中，加入沉淀剂（$(NH_4)_2C_2O_4$（此时 $C_2O_4^{2-}$ 浓度很小，主要以 $HC_2O_4^{2-}$ 形式存在，故不会有 CaC_2O_4 沉淀生成），再滴加稀氨水逐渐中和溶液中的 H^+，使 $C_2O_4^{2-}$ 浓度缓缓增大，逐渐生成 CaC_2O_4 沉淀。CaC_2O_4 是弱酸盐沉淀，其溶解度随溶液酸度增大而增加，在 pH=4 时，CaC_2O_4 的溶解损失可以忽略。所以，最后控制溶液的 pH 在 4.2 ~ 4.5，这样既可使 CaC_2O_4 沉淀完全，又不致生成 $Ca(OH)_2$ 或（$(CaOH)_2C_2O_4$，沉淀完全后再经陈化便可获得纯净的、颗粒粗大的 CaC_2O_4 晶形沉淀。

三、仪器与试剂

1. 仪器

烧杯、表面皿、电炉、玻璃棒、锥形瓶、酸式滴定管、台秤、水浴锅、漏斗、漏斗架。

2. 试剂

$KMnO_4$ 标准溶液（0.2 mol · L^{-1}）、HCl（6 mol · L^{-1}）、$(NH_4)_2C_2O_4$ 溶液（0.25 mol · L^{-1}）、$(NH_4)_2C_2O_4$ 溶液（1 g · L^{-1}）、氨水溶液（6 mol · L^{-1}）、H_2SO_4（1 mol · L^{-1}）、甲基橙指示剂（0.1%）、$AgNO_3$ 溶液（0.1 mol · L^{-1}）

四、实验内容

准确称取碳酸钙样品两份，各 0.16 ~ 0. 20 g，置于 400 ml 烧杯中，加少量水润湿，盖上表面皿，从烧杯嘴处缓缓滴加 6 ml 6 mol · L^{-1} 盐酸溶液。同时轻轻摇动烧杯，使样品溶解。等到样品完全不再发生气泡以后，用洗瓶洗下表面皿和烧杯壁上的附着物，加热煮沸，冷却后加入 35 ml 0.25 mol · L^{-1} $(NH_4)_2C_2O_4$ 溶液（若有沉淀生成，说明溶液的酸度不足，则应滴加盐酸将沉淀溶解。但注意勿加大量的盐酸，否则用氨水调 pH 时，用量较大）。然后用水稀释溶液到 100 ml，加入甲基橙 1 ~ 2 滴，在水浴上加热到 70 ~ 80℃，以每秒钟 1 ~ 2 滴的速度滴加 6 mol · L^{-1} 氨水到红色恰转黄色为止。盖上表面皿，放置过夜陈化（或者继续在水浴上加热陈化 30 min，同时用玻璃棒搅拌，冷却）。陈化后的溶液用倾析法过滤。然后用冷的 1 g · L^{-1} $(NH_4)_2C_2O_4$ 溶液洗涤 3 ~ 4 次，再用冷的蒸馏水洗涤，直至滤液中不含 $C_2O_4^{2-}$ 离子和 Cl^- 离子为止（在洗涤接近完成时收集 1 ml 滤液以 $AgNO_3$ 溶液检验）。注意在过滤和洗涤的过程中应尽量使沉淀留在烧杯中。

洗涤后，把带有沉淀的滤纸小心展开并贴在原储沉淀所用烧杯的内壁上（沉淀向杯内），用 50 ml 1 mol · L^{-1} H_2SO_4 溶液用滴管把沉淀从滤纸上洗到烧杯里，然后稀释溶液到 100 ml，加热到 70 ~ 80℃，用 $KMnO_4$ 标准溶液滴定到恰呈粉红色，再把滤纸推入溶液中，用玻璃棒搅拌，如果溶液褪色，继续用 $KMnO_4$ 滴定，直至出现粉红色，并在 30 s 内不消失，即为滴定终点。记录消耗的 $KMnO_4$ 用量，算出碳酸钙中钙的百分含量。

五、实验注意事项

（1）配标准溶液的时候要用煮沸后冷却的蒸馏水。

（2）滴定时尽量快，主要是为了减少空气中 CO_2 对滴定的影响。

（3）接近滴定终点时注意观察指示剂的变色，不要滴过量。

六、思考题

1. 判断题

（1）最外层电子组态为 ns^1 或 ns^2 的元素，都在 s 区。（　　）

（2）电子通过晶体时，能产生衍射现象说明它有波动性。（　　）

（3）核外电子排布要服从能量最低原理，指电子应依次由低能级向高能级排布。（　　）

（4）波函数是指电子在核外某区周围微单位体积中电子出现的概率。（　　）

（5）根据洪特规则，原子处于全充满、半充满或全空时，整个原子处于能量较低状态。（　　）

（6）$2p_x$，$2p_y$，$2p_z$ 原子轨道的角度分布函数在形状和伸展方向上完全相同。（　　）

（7）电子出现概率大的区域，电子出现的机会一定多。（　　）

（8）任何原子，d 轨道总比 s 轨道能量高。（　　）

（9）若原子中某一电子处于 n=3、l=2、m=1 的运动状态，则该电子是 3p 电子。（　　）

（10）当主量子数 n=3 时，有 3s、3p 和 3d 三个原子轨道。（　　）

（11）测不准原理表明同时准确测定电子的位置和运动速率是不可能的。（　　）

（12）H 原子的 2s 和 2p 轨道能量相等。（　　）

2. 选择题

（1）价电子构型为 $4d^5 5s^2$ 的元素，其原子序数为

A. 27　　B. 38　　C. 43　　D. 47

（2）基态 $_{11}Na$ 原子最外层电子的四个量子数应是

A. 3，1，0，$\frac{1}{2}$　　B. 4，1，1，$\frac{1}{2}$

C. 3，0，0，$\frac{1}{2}$　　D. 4，0，0，$\frac{1}{2}$

（3）假定某一电子有下列成套量子数（n，l，m，m_s），其中不可能存在的是

A. 3，2，2，$\frac{1}{2}$　　B. 3，1，−1，$\frac{1}{2}$

C. 1，0，0，$-\frac{1}{2}$　　D. 2，−1，0，$\frac{1}{2}$

（4）下列金属原子中具有最大数目未成对电子的是

A. Cu　　B. Fe　　C. V　　D. Mn

（5）某金属 M^{2+} 离子的第三电子层上有 14 个电子，该金属是

A. Fe　　B. Mn　　C. Co　　D. Ni

（6）若原子的最外层仅有一个电子，它的量子数为 $n=4$，$l=0$，$m=0$，$m_s=+\frac{1}{2}$，符合上述条件的元素个数是

A. 1　　B. 2　　C. 3　　D. 4

（7）在多电子原子中，决定电子能量的量子数为

A. n　　B. n 和 l　　C. n，l 和 m　　D. l

（8）基态 $_{25}Mn$ 原子价层电子有多少个单电子

A. 4　　B. 3　　C. 5　　D. 2

（9）电子排布为［Ar］$3d^54s^0$ 者，可以表示为

A. Mn^{2+}　　B. Fe^{2+}　　C. Co^{3+}　　D. Ni^{2+}

（10）下列能级属于同一个能级组的是

A. 3s3p3d　　B. 4s4p4d4f　　C. 6p7s5f6d　　D. 4f5d6s6p

（11）已知某元素 +3 价离子的电子排布式为 $1s^22s^22p^63s^23p^63d^5$，该元素在周期表中属于

A. ⅤB 族　　B. Ⅲ族　　C. Ⅷ族　　D. ⅤA 族

（12）在电子云示意图中，小黑点

A. 其疏密表示电子出现的概率密度的大小

B. 其疏密表示电子出现的概率的大小

C. 表示电子在该处出现

D. 表示电子

（13）在多电子原子中，与量子数为 3，1，−1，$-\frac{1}{2}$的电子能量相等的电子的 4 个量子数是

A. 3，1，1，$+\frac{1}{2}$　　B. 2，0，0，$+\frac{1}{2}$

C. 2，1，0，$-\frac{1}{2}$　　D. 3，2，1，$+\frac{1}{2}$

（14）将量子化概念引入原子结构的科学家是

A. 卢瑟福　　B. 德布罗依　　C. 玻尔　　D. 薛定谔

（15）下列离子中单电子数最少的是

A. $_{26}Fe^{3+}$　　B. $_{26}Fe^{2+}$　　C. $_{27}Co^{3+}$　　D. $_{28}Ni^{2+}$

（16）Ca 原子的电子排布式写成 $1s^22s^22p^63s^23p^63d^2$，其违背了

A. 能量最低原理　　B. 泡利不相容原理

C. Hund 规则　　D. 元素周期律

（17）决定原子轨道在空间的伸展方向的量子数是

A. n　　B. l　　C. m　　D. m_s

（18）下列电子亚层中，可容纳的电子数最多的是

A. n=5，l=1　　B. n=3，l=2　　C. n=5，l= 0　　D. n=6，l=1

（19）由 n、l、m、m_s 四个量子数可以确定

A. 原子轨道　　B. 能级

C. 电子运动的状态　　D. 电子云的形状和伸展方向

（20）若将磷原子的电子排布式写为 $1s^22s^22p^63s^23p_x^63p_y^1$，则违背了

A. Hund 规则　　B. 能量守恒原理

C. 能量最低原理　　D. 泡利不相容原理

（21）在多电子原子中，各电子具有下列量子数，其中能量最高的电子是

A. 2，1，−1，$+\frac{1}{2}$　　B. 2，0，0，$-\frac{1}{2}$

C. 3，1，1，$-\frac{1}{2}$　　D. 3，2，−1，$+\frac{1}{2}$

（22）φ^2 表示

A. 波函数的物理意义

B. 薛定谔方程的解

C. 电子在核外空间某处出现的概率密度

D. 电子在核外运动的轨道

3. 填空题

（1）$_{48}$Cd 的基态原子核外电子排布式为________________，该元素位于周期表的________周期________族。

（2）n=3、l=1 的原子轨道属________能级，它们在空间有________种不同的取向。该能级半充满时，应有________个电子，若用四个量子数的组合分别表示这些电子的状态，则应写成________________，具有这种电子组态的原子核电荷数为________，其元素符号是________。

（3）用________、________和________三个量子数可以确定一个原子轨道。

（4）已知某原子中五组量子数各为：① 3，2，1，$-\frac{1}{2}$；② 2，1，1，$-\frac{1}{2}$；③ 2，1，0，$\frac{1}{2}$；④ 2，0，0，$-\frac{1}{2}$；⑤ 3，1，1，$-\frac{1}{2}$。它们的能量由高到低的顺序应

为________________________。

（5）写出 $_{26}Fe$ 的电子排布式________，价层电子排布式________，+3 价离子的外层电子排布式________。

（6）某元素原子序数为 53，①此元素原子的电子总数是________，有未成对电子________个，外层电子构型________；②它有________个电子层________个能级。

（7）已知电中性的基态原子价电子层电子组态分别为 $5s^2 5p^5$，试根据这个信息确定它们在周期表中属于________区，________族，________周期。

（8）原子序数为 29 的元素的原子电子组态为________________，该元素位于周期表的________周期________族。

（9）在量子力学中，核外电子的运动状态可用________来描述，习惯上被称为________；$|\varphi|^2$ 表示________，它的形象化表示是________。

4. 简答题

（1）沉淀 CaC_2O_4 时，为什么要采用先在酸性溶液中加入沉淀剂（$(NH_4)_2C_2O_4$），然后再滴加氨水中和的办法使 CaC_2O_4 沉淀析出？加入甲基橙指示剂的目的是什么？

（2）CaC_2O_4 沉淀生成后为什么要陈化？

（3）洗涤 CaC_2O_4 沉淀时，为什么先用稀的 $(NH_4)_2C_2O_4$ 溶液洗，然后再用蒸馏水洗？为什么要洗到滤液中不含 $C_2O_4^{2-}$ 和 Cl^-？怎样判断是否洗净 $C_2O_4^{2-}$ 和 Cl^-？

（4）若将带有沉淀的滤纸在滴定之初便浸入溶液中，用 $KMnO_4$ 标准溶液滴定，这样操作对结果将会产生什么影响？

实验九 硫酸亚铁铵的制备

一、实验目的

1. 了解硫酸亚铁铵的制备方法。
2. 练习在水浴上加热、减压过滤等操作。

二、实验原理

铁屑与稀硫酸作用，制得硫酸亚铁溶液

$$Fe + H_2SO_4 = FeSO_4 + H_2\uparrow$$

硫酸亚铁溶液与硫酸铵溶液作用，生成溶解度较小的硫酸亚铁铵晶体

$$FeSO_4 + (NH_4)_2SO_4 + 6H_2O = FeSO_4 \cdot (NH_4)_2SO_4 \cdot 6H_2O$$

硫酸亚铁铵又称摩尔盐，它在空气中不易被氧化，比硫酸亚铁稳定得多。它能溶于水，但难溶于乙醇。0～60℃的范围内，硫酸亚铁铵在水中的溶解度比组成它的每一个组分的溶解度都小，因而有利于其结晶分离。

三、仪器与试剂

1. 仪器

锥形瓶、烧杯、量筒、普通电子天平、漏斗、漏斗架，布氏漏斗、抽滤瓶、抽气管（或真空泵）、蒸发皿、表面皿、电热恒温水浴锅。

2. 试剂

HCl（2 mol · L^{-1}）、H_2SO_4（3 mol · L^{-1}）、NaOH（1 mol · L^{-1}）、Na_2CO_3（1 mol · L^{-1}）、固体（NH_4）$_2SO_4$、铁屑、乙醇（95%）。

3. 其他

pH 试纸、滤纸。

四、实验内容

1. 硫酸亚铁铵的制备

（1）铁屑油污的除去：称取 2 g 铁屑，放入锥形瓶中，加入 20 ml 1mol · L^{-1} Na_2CO_3 溶液，小火加热 10 min 以除去铁屑表面的油污。倾析法除去碱液，并用水将铁屑洗净。

（2）硫酸亚铁的制备：在盛有洗净铁屑的锥形瓶中，加入 15 ml 3mol · L^{-1} H_2SO_4 溶液，放在水浴上加热（大约需要半小时），使铁屑与稀硫酸发生反应（在通风橱中进行）。在反应过程中要适当添加去离子水，以补充蒸发掉的水分。当反应进行到不再产生气泡时，表示反应基本完成。用普通漏斗趁热过滤，滤液盛于蒸发皿中。将锥形瓶和滤纸上的残渣洗净，收集在一起。用滤纸吸干后称其质量（如残渣量极少，可不收集）。算出已发生反应的铁屑的质量。

（3）硫酸铵饱和溶液的配制：根据已发生反应的铁的质量和反应式中的物量关系，计算出所需（NH_4）$_2SO_4$ 的质量和室温下配制硫酸铵饱和溶液所需要水的体积（几种盐的溶解度见表 2-10）。根据计算结果，在烧杯中配制（NH_4）$_2SO_4$ 的饱和溶液。

表 2-10　几种盐的溶解度（g/100 g 水）数据

	0℃	10℃	20℃	30℃	40℃	60℃	70℃	80℃
（NH_4）$_2SO_4$	70.6	73.0	75.4	78.0	81.0	88.0		95.3
$FeSO_4 \cdot 7H_2O$	32.89	45.17	62.11	82.73	110.27		266	
$FeSO_4 \cdot (NH_4)_2SO_4 \cdot 6H_2O$	26.35		41.36		62.26	92.49		139.48

（4）硫酸亚铁铵的制备：将（NH_4）$_2SO_4$ 饱和溶液倒入盛有 $FeSO_4$ 溶液的蒸发皿中，混匀后用 pH 试纸检验 pH 是否为 1 ~ 2，若酸度不够，用 3 mol · L^{-1} H_2SO_4 溶液调节。

在水浴上蒸发混合溶液，浓缩至表面出现晶体膜为止（注意蒸发过程中不宜搅动）。静置，让溶液自然冷却，冷至室温时，便析出硫酸亚铁铵晶体。抽滤至干，再用

5 ml 乙醇（95%）淋洗晶体，以除去晶体表面上附着的水分。继续抽干，取出晶体，在表面皿上晾干。称其质量，并计算产率。

2. 数据记录和处理（表 2-11）

表 2-11 数据记录和处理

已发生反应的铁的质量 /g	$(NH_4)_2SO_4$ 饱和溶液		$FeSO_4 \cdot (NH_4)_2SO_4 \cdot 6H_2O$		
	$(NH_4)_2SO_4$ 质量 /g	H_2O 的体积 /ml	理论产量 /g	实际产量 /g	产率 /%

五、实验注意事项

（1）铁屑要洗净去油污。

（2）亚铁盐在空气中易氧化。析出棕黄色的碱式硫酸铁（或氢氧化铁）沉淀。若往硫酸亚铁溶液中加入与 $FeSO_4$ 相等的物质的量的硫酸铵，则生成复盐硫酸亚铁铵。硫酸亚铁铵比较稳定，其六水合物 $FeSO_4 \cdot (NH_4)_2SO_4 \cdot 6H_2O$ 不易被空气中的氧氧化。

（3）在制备 $FeSO_4 \cdot (NH_4)_2SO_4 \cdot 6H_2O$ 过程中，为了使 Fe^{2+} 不与水作用，溶液需要保持足够的酸度（pH=1 ~ 2）。

（4）要趁热过滤，小烧杯及漏斗上的残渣要用热的去离子水洗涤，洗涤液要合并入滤液（不然产率降低）。

六、思考题

（1）为什么硫酸亚铁溶液和硫酸亚铁铵溶液都要保持较强的酸性？

（2）制备硫酸亚铁铵时，为什么采用水浴加热法？

（3）硫酸亚铁铵制备的蒸发浓缩过程为什么不宜搅动？

实验十 分子模型

一、实验目的

1. 熟悉常见的原子轨道的类型和形状。
2. 掌握简单分子模型的组装。

二、实验原理

原子结构与元素周期律的理论知识比较抽象，学生难理解，通过开设分子模型组装的实验课，让学生动手组装一些常见分子，发挥空间想象能力，加深对理论知识的学习和巩固。

三、实验用品

s、p、d 轨道模型及配件。

四、实验内容

1. 常见原子轨道模型

（1）s 轨道模型，如图 2-2。

（2）p_x、p_y、p_z 轨道模型（哑铃型轨道），如图 2-3。

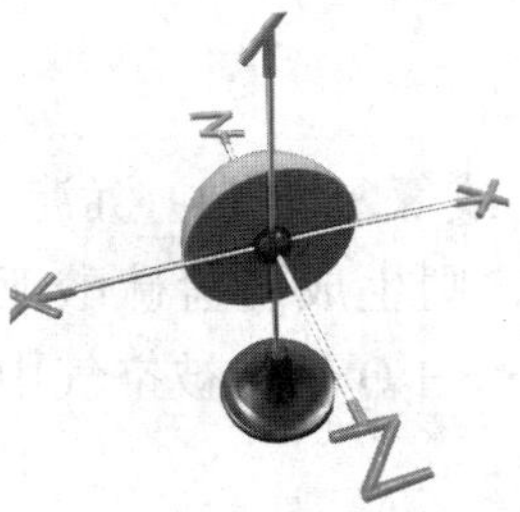

图 2-2　s 轨道模型

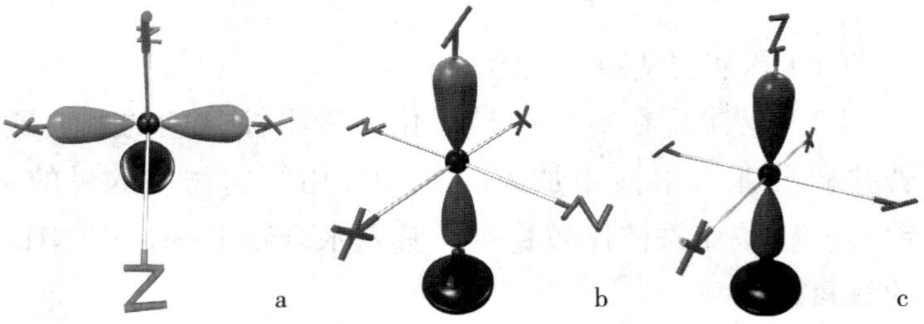

图 2-3　p_x(a)、p_y(b)、p_z(c) 轨道模型

（3）d_{xy}、d_{yz}、d_{xz}、$d_{x^2-y^2}$、d_{z^2} 轨道模型，如图 2-4。

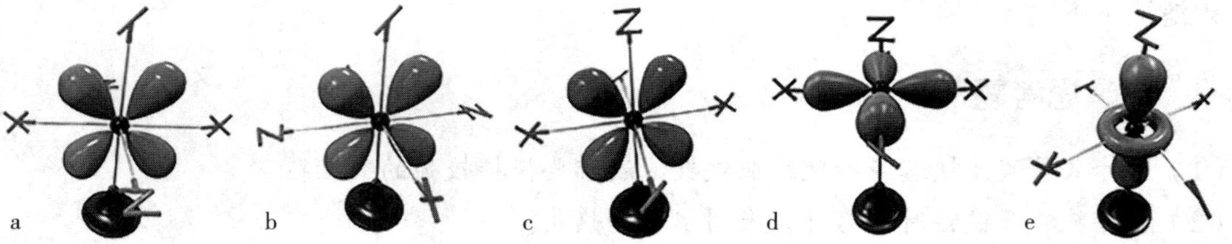

图 2-4　d_{xy}(a)、d_{yz}(b)、d_{xz}(c)、$d_{x^2-y^2}$(d)、d_{z^2}(e) 轨道模型

2. 常见分子模型的组装

（1）sp^3 杂化：①等性 sp^3 杂化：如图 2-5。组装 CH_4 分子。②不等性 sp^3 杂化：如图 2-6。组装 NH_3 分子、H_2O 分子。

图 2-5　等性 sp^3 杂化

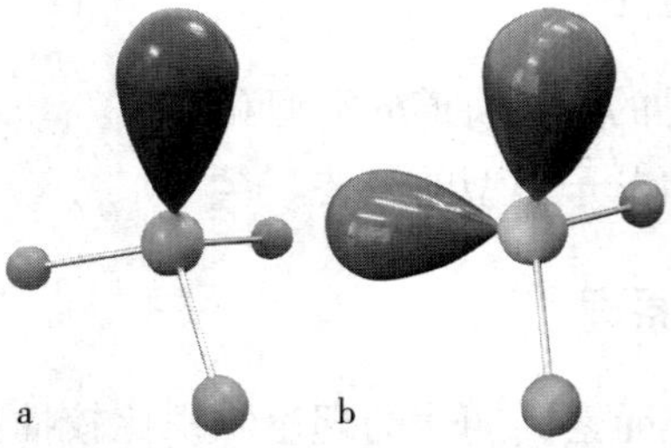

图 2-6　不等性 sp^3 杂化

（2）sp^2 杂化：如图 2-7。组装 BF_3 分子。

（3）sp 杂化：图 2-8。组装乙炔分子。

图 2-7　sp^2 杂化

图 2-8　sp 杂化

五、实验注意事项

（1）各组实验台的模型是成套的，不要和其他组模型混在一起用。

（2）实验结束后，按清单把模型整理好放回原处。

六、思考题

1. 判断题

（1）按杂化轨道理论，杂化轨道既有利于形成 σ 键，也有利于形成 π 键。（　　）

（2）色散力是存在于非极性分子间的分子间力，而取向力是存在于极性分子间的分子间力。（　　）

（3）由极性键组成的分子一定是极性分子。（　　）

（4）含氢化合物的分子之间均能形成氢键。（　　）

（5）凡空间构型为直线形的分子，其中心原子必定采取 sp 杂化。（　　）

（6）一般 π 键只能与 σ 键同时存在，在共价双键或三键中，只能有一个 σ 键。（　　）

（7）原子形成的共价键数目等于该基态原子的未成对电子数。（　　）

（8）成键原子的价电子层中若无未成对电子，就不能形成共价键。（　　）

（9）由不同元素形成的双原子分子一定是极性分子。（　　）

（10）CO 分子中存在 π 键和配位键。（　　）

2. 选择题

（1）下列分子或离子中，分子空间构型为三角锥形的是

A. BF_3　　B. CH_4　　C. NH_3　　D. $HgCl_2$

（2）下列分子中，中心原子采取 sp 杂化的是

A. PBr_3　　B. CCl_4　　C. $HgCl_2$　　D. H_2O

（3）下列分子或离子中，分子空间构型为平面三角形的是

A. CH_4　　B. H_2O　　C. NH_3　　D. BF_3

（4）下列化学键中，极性最强的是

A. H—F　　B. H—O　　C. H—I　　D. C—H

（5）下列各体系中溶质和溶剂分子之间，三种范德瓦尔斯力和氢键都存在的是

A. I_2 的 CCl_4 溶液　　B. I_2 的乙醇溶液

C. 乙醇的水溶液　　D. CH_3Cl 的 CCl_4 溶液

（6）下列各组原子轨道中不能重叠成键的是

A. p_x-p_x　　B. p_x-p_y　　C. s-p_x　　D. p_z-p_z

（7）下列说法中正确的是

A. BCl_3 分子和 B—Cl 键都是非极性的

B. BCl_3 分子和 B—Cl 键都是极性的

C. BCl_3 分子是极性分子，而 B—Cl 键是非极性键

D. BCl_3 分子是非极性分子，而 B—Cl 键是极性键

（8）下列关于分子间力的说法正确的是

A. 分子量大的分子型物质的沸点一定高

B. 大多数含氢化合物中都存在氢键

C. 极性分子间仅存在取向力

D. 色散力存在于所有相邻分子间

（9）对羟基苯甲醛比邻羟基苯甲醛的熔点、沸点高的原因解释是

A. 前者不能形成氢键，后者能形成氢键

B. 前者能形成氢键，后者不能形成氢键

C. 前者形成分子间氢键，后者形成分子内氢键

D. 前者形成分子内氢键，后者形成分子间氢键

（10）下列各组物质沸点高低顺序正确的是

A. $HI > HBr > HCl > HF$　　B. $H_2Te > H_2Se > H_2S > H_2O$

C. $NH_3 > AsH_3 > PH_3$　　D. $CH_4 > GeH_4 > SiH_4$

（11）下列各组分子或离子中，中心原子都采用不等性 sp^3 杂化轨道成键的是

A. NH_3，BF_3　　B. H_2O，NH_3

C. BF_3，CH_4　　D. NH_4^+，CH_4

（12）CO 分子中的化学键是

A. 3 个 σ 键　　B. 1 个 σ 键，2 个 π 键

C. 2 个 σ 键，1 个 π 键　　D. 3 个 π 键

（13）下列化合物中存在氢键的是

A. HF　　B. CH_4　　C. HCl　　D. CCl_4

（14）下列各组分子之间只存在色散力的是

A. 乙醇和水　　B. 溴化氢和氯化氢

C. 氯气和水　　D. 苯和四氯化碳

（15）下列说法错误的是

A. H_2O 中氧采用不等性 sp^3 杂化轨道成键

B. H_2S 中硫采用不等性 sp^3 杂化轨道成键

C. PCl_3 中磷采用不等性 sp^3 杂化轨道成键

D. CCl_4 中硫采用不等性 sp^3 杂化轨道成键

（16）空间构型不是正四面体的是

A. NH_4^+　　B. NH_3　　C. CH_4　　D. CF_4

（17）下列分子中键有极性，分子也有极性的是

A. CCl_4　　B. H_3O^+　　C. CO_2　　D. BCl_3

（18）下列分子或离子中，键角最大的是

A. BCl_3　　B. H_2O　　C. CO_2　　D. CH_4

3. 简答题

（1）解释下列现象：

①室温下水是液体而 H_2S 是气体。

② F 的电负性大于 O，但 HF 的沸点却低于 H_2O。

③乙醇和二甲醚分子式相同，但前者的沸点为 78.5℃，后者却为 −23℃。

④邻羟基苯甲酸在 CCl_4 中的溶解度比对羟基苯甲酸大。

（2）判断下列各组分子间存在着什么形式的分子间作用力，简述原因。

①苯与四氯化碳　②乙醇和水　③苯与乙醇　④液氨

（3）简述轨道杂化理论的基本要点，试用轨道杂化理论说明下列分子的中心原子可能采取的杂化类型及其空间构型。

$HgCl_2$　CS_2　PF_3　$SiCl_4$　H_2S

（4）下列化合物中哪些存在氢键？是分子内氢键还是分子间氢键？

① C_6H_6　② NH_3　③ C_2H_6　④邻羟基苯甲醛

⑤间羟基苯甲醛　⑥对羟基苯甲醛

实验十一　p 区元素的性质 I（氯、溴、碘、硫）

一、实验目的

1. 掌握不同氧化态的氯、溴、碘、硫等元素及其重要化合物的主要性质及性质实验的基本操作。
2. 掌握氯、溴、碘、硫等常见离子的鉴别方法。
3. 熟悉相关化学反应式及化合物颜色。

二、实验原理

验证氯、溴、碘、硫的相关化学性质。

三、仪器与试剂

1. 仪器

试管、试管夹、电热恒温水浴锅、酒精灯、烧杯、量筒、长滴管、离心管、离心机。

2. 试剂

KBr（固体，0.1 mol·L^{-1}）、CCl_4、KI（固体，0.1 mol·L^{-1}）、氯水、溴水、$Na_2S_2O_3$（0.1 mol·L^{-1}）、H_2SO_4（浓，6 mol·L^{-1}，2 mol·L^{-1}）、Pb（Ac）$_2$试纸、淀粉碘化钾试纸、浓氨水、氨水（6 mol·L^{-1}）、NaCl（固体，0.1 mol·L^{-1}）、MnO_2（固体）、$AgNO_3$（0.1 mol·L^{-1}）、NaOH（2 mol·L^{-1}）、浓 HCl、$KClO_3$晶体、$KBrO_3$（饱和溶液）、KIO_3（0.1 mol·L^{-1}）、$NaHSO_3$（0.1 mol·L^{-1}）、淀粉溶液（2%）、$ZnSO_4$（0.1 mol·L^{-1}）、$CdSO_4$（0.1 mol·L^{-1}）、$CuSO_4$（0.1 mol·L^{-1}）、$Hg(NO_3)_2$（0.1 mol·L^{-1}）、饱和 H_2S 溶液、Na_2SO_3（0.5 mol·L^{-1}）、3% $Na_2[Fe(CN)_5NO]$ 溶液、$KMnO_4$（0.1 mol·L^{-1}）、$(NH_4)_2S_2O_8$ 晶体、$MnSO_4$（0.05 mol·L^{-1}）。

四、实验内容

（一）卤素的性质

1. 卤素单质的氧化性

（1）卤素的置换次序：取 3 支试管，分别加入：① 1 滴 0.1 mol·L^{-1}KBr、10 滴 CCl_4，再滴加氯水，边加边振荡。观察 CCl_4 层的颜色变化。② 1 滴 0.1 mol·L^{-1}KI、10 滴 CCl_4，再滴加氯水，边加边振荡。观察 CCl_4 层的颜色变化。③ 1 滴 0.1 mol·L^{-1}KI、10 滴 CCl_4，再滴加溴水，边加边振荡。观察 CCl_4 层的颜色变化。记录实验结果（表 2-12）。从实验结果说明卤素的置换顺序，比较卤素单质氧化能力的大小。

表 2-12 卤素单质的氧化性实验结果

试剂	CCl_4	氯水	溴水	CCl_4 层颜色变化	反应式
0.1 mol·L^{-1} KBr	10 滴	滴加			
0.1 mol·L^{-1} KI	10 滴	滴加			
0.1 mol·L^{-1} KI	10 滴		滴加		

（2）碘的氧化性：取 1 支试管，完成以下实验，并记录实验结果（表 2-13）。

表 2-13 碘的氧化性实验结果

试剂	滴加试剂	现象	反应式
数滴碘水	0.1 mol·L^{-1} $Na_2S_2O_3$		

（3）氯水对溴、碘离子混合溶液的作用：在试管中加入 1 ml 0.1 mol·L^{-1} KBr、0.1 mol·L^{-1} KI 的混合液，0.5 ml CCl_4，逐滴加入氯水，同时振荡试管，仔细观察 CCl_4 层的颜色变化，写出反应式，并用标准电极电位解释。

2. 卤素离子的还原性

（1）往盛有少量 KI 固体的试管中加入 1 ml 浓 H_2SO_4，观察产物的颜色和状态。把湿的 Pb（Ac）$_2$ 试纸移近管口以检验气体产物。

（2）往盛有少量 KBr 固体的试管中加入 1 ml 浓 H_2SO_4，观察产物的颜色和状态。把湿的淀粉 -KI 试纸移近管口以检验气体产物。

（3）往盛有少量 NaCl 固体的试管中加入 1 ml 浓 H_2SO_4，观察产物的颜色和状态。用玻璃棒蘸取浓氨水，移近管口以检验气体产物。

（4）往盛有少量 NaCl 和 MnO_2 固体混合物的试管中加入 1 ml 浓 H_2SO_4，稍稍加热，观察产物的颜色和状态来判断反应产物。

比较上面四个实验的产物，说明氯、溴、碘离子还原性强弱的变化规律。写出所有的反应式。

3. 卤化物的生成及其溶解性

取 3 支离心试管，分别滴加 2 滴 0.1 mol · L^{-1} NaCl 溶液、0.1 mol · L^{-1} KBr 溶液和 0.1 mol · L^{-1} KI 溶液，各加入 1～2 滴 0.1 mol · L^{-1} $AgNO_3$ 溶液，振荡，观察沉淀的生成及颜色。离心分离，用滴管吸取上清液，弃去。在 3 支试管沉淀中，各滴加 6 mol · L^{-1} 氨水，边滴加边振荡，直至沉淀溶解，记录加入氨水的滴数。比较 AgCl、AgBr、AgI 溶度积的相对大小。

4. 次卤酸盐和卤酸盐的氧化性

（1）NaClO 的氧化性：试管中加入 2 ml 氯水，逐滴加入 2 mol · L^{-1} NaOH，至溶液呈碱性，所得溶液分盛于 3 支试管中，在第 1 支试管中加入数滴浓 HCl，用湿的淀粉 -KI 试纸检查放出的气体，写出反应式。在第 2 支试管中加入 1 滴 KI 溶液，加 1 滴 2 mol · L^{-1} H_2SO_4 酸化，再加入淀粉溶液数滴，观察有何现象？写出反应式。在第 3 支试管中加入数滴 0.1% 品红溶液，观察品红颜色是否褪去。

（2）$KClO_3$ 的氧化性：试管中放入少量 $KClO_3$ 晶体，加入 1 ml 水，使之溶解，再加入数滴 0.1 mol · L^{-1} KI 溶液和 0.5 ml CCl_4，振荡，观察 CCl_4 层有何变化。再加入 5 滴 6 mol · L^{-1} H_2SO_4 溶液酸化后再振荡，观察有何不同。解释现象并写出反应式。

（3）$KBrO_3$ 的氧化性：试管中加入 1 ml 饱和 $KBrO_3$ 溶液，滴加 5 滴 2 mol · L^{-1} H_2SO_4 和 5 滴 0.1 mol · L^{-1} KBr，振荡，用湿的淀粉 -KI 试纸移近管口，检验生成的气体（若现象不明显，可稍稍加热试管），写出反应式。

（4）KIO_3 的氧化性：试管中加入 1 ml 0.1 mol · L^{-1} KIO_3 溶液，滴加 5 滴 2 mol · L^{-1} H_2SO_4 和 2 滴 0.5% 淀粉溶液，再滴加 0.1 mol · L^{-1} $NaHSO_3$ 溶液，边加边振荡，观察蓝色的出现。

（二）硫的化合物

1. 难溶硫化物的生成和溶解

取 4 支离心试管，分别加入 0.5 ml 0.1 mol · L^{-1} 的 $ZnSO_4$、$CdSO_4$、$CuSO_4$、$Hg(NO_3)_2$，然后各加入 1 ml 饱和 H_2S 溶液，观察管中沉淀的生成和颜色，离心分离，弃去上清液后进行下面实验。

（1）在 ZnS 沉淀中加入 1 ml 1 mol · L^{-1} HCl，振荡，沉淀是否溶解？写出反应式。

（2）在 CdS 沉淀中加入 1 ml 1 mol · L^{-1} HCl，振荡，沉淀是否溶解？若不溶，离心分离，弃去上清液，沉淀中再加入 1 ml 6 mol · L^{-1} HCl，振荡，沉淀是否溶解？写出反应式。

（3）在 CuS 沉淀中加入 1 ml 6 mol · L^{-1} HCl，振荡，沉淀是否溶解？若不溶，离心分离，弃去上清液，沉淀中再加入 1 ml 浓 HNO_3，并在水浴中加热，观察沉淀的溶解。写出反应式。

（4）在 HgS 沉淀中加入 1 ml 浓 HNO_3，沉淀是否溶解？若不溶，再加入 3 ml 浓 HCl，搅拌（必要时可水浴加热），观察有何变化？写出反应式。

比较这四种金属硫化物与酸作用的情况，讨论它们的溶解条件表 2-14。

表 2-14　四种金属硫化物溶解条件

硫化物	ZnS	CdS	CuS	HgS（黑）
溶度积（25℃）	2.93×10^{-22}	1.40×10^{-29}	1.27×10^{-36}	6.44×10^{-53}
状态、颜色				
溶解条件				

2. S^{2-} 的鉴定

加 1 滴 H_2S 溶液于白色点滴板上，再加 1 滴 3% 亚硝酰铁氰化钠 $Na_2[Fe(CN)_5NO]$ 溶液，则显特殊紫色。若现象不明显，加 1 滴碱液。该反应是鉴定 S^{2-} 的特征反应。

3. 亚硫酸盐的性质

Na_2SO_3 的氧化还原性：试管中加入 2 ml 0.5 mol · L^{-1} Na_2SO_3 溶液，再加入 1 ml 2 mol · L^{-1} H_2SO_4 溶液酸化，摇匀后把溶液分成两份：一份加入 1 ml 饱和 H_2S 溶液，观察有何现象？另一份滴加 1 ~ 2 滴 0.1 mol · L^{-1} $KMnO_4$ 溶液，观察溶液颜色有何变化？解释现象，写出有关反应式。

4. 硫代硫酸盐（$Na_2S_2O_3$）的性质

（1）试管中加入 1 ml 0.1 mol · L^{-1} $Na_2S_2O_3$ 溶液，再加入 5 滴 2 mol · L^{-1} HCl 溶液酸化，微热。观察浑浊出现，并小心地闻一下逸出的气体，写出反应式。

（2）试管中加入 2 滴饱和碘水，1 滴 2% 淀粉溶液，然后滴加 0.1 mol · L^{-1} $Na_2S_2O_3$ 溶液，边加边振荡，观察蓝色的消失，写出反应式。

（3）试管中加入 1 ml 0.1 mol · L^{-1} $Na_2S_2O_3$ 溶液，再滴加氯水，振荡，设法验证 SO_4^{2-} 的生成，写出反应式。

5. 过二硫酸盐的氧化性

（1）往试管中加入 $(NH_4)_2S_2O_8$ 晶体少许，用 2 ml 水溶解后，滴加 0.1 mol · L^{-1} KI 溶液，观察溶液颜色有何变化，再加入淀粉溶液有何现象。

（2）往试管中加入 2 ml 2 mol · L^{-1} H_2SO_4 溶液和 5 滴 0.05 mol · L^{-1} $MnSO_4$ 溶液，混合均匀后加入 1 滴 0.1 mol · L^{-1} $AgNO_3$（作催化剂）和少量 $(NH_4)_2S_2O_8$ 晶体，微热，观察溶液颜色有何变化。

五、实验注意事项

（1）氯的安全操作：氯气有毒和有刺激性，吸入体内会刺激气管黏膜。有氯气产生的实验应在通风橱中操作，闻氯气时不能直接对着管口或瓶口。

（2）溴的安全操作：溴蒸气对气管、肺部、眼、鼻、喉都有强烈的刺激性。进行有溴产生的实验应在通风橱中操作，不慎吸入溴蒸气，可吸入少量氨气和新鲜空气解毒。液体溴具有很强的腐蚀性，能灼伤皮肤，严重时会使皮肤溃烂。移取液体溴时，须戴橡皮手套。溴水的腐蚀性比液体溴稍弱，如不慎把溴水溅在手上，可用水冲洗，再用乙醇洗涤。

六、思考题

1. 判断题

（1）金属硫化物都可以在水溶液中直接制备。（ ）

（2）由于色散力的大小与分子的质量有关，分子量越大，色散力越大，物质的熔点和沸点越高。因此，卤化氢的熔点次序依次为 HF＜HCl＜HBr＜HI。（ ）

（3）过氧化氢中 O 原子采取 sp^3 不等性杂化。（ ）

（4）与 CO_2 一样，SO_2 也是非极性分子。（ ）

（5）不能用浓硫酸同卤化物作用制备 HBr 和 HI。（ ）

2. 选择题

（1）硫化铵溶液放置时间过长，会变成黄棕色甚至是红棕色，是因为生成了

A. S 和 $Fe(OH)_3$　　B. NO_2

C. $(NH_4)_2S_2$　　D. S 和 $NH_3 \cdot H_2O$

（2）对于环境造成很大危害的酸雨，主要是下面哪种气体污染造成的

A. CO_2　　B. H_2S　　C. SO_2　　D. CO

（3）加热就可以生成少量氯气的一组物质是

A. $NaCl\text{-}H_2SO_4$　　B. $NaCl\text{-}MnO_2$　　C. $HCl\text{-}Br_2$　　D. $HCl\text{-}KMnO_4$

（4）下面物种中，分子结构为三角锥结构的是

A. NF_3　　B. SO_4^{2-}　　C. ClF_3　　D. BF_3

（5）含有 CN^- 的废液不能与哪种溶液混合

A. 含有 Fe^{2+} 的溶液　　B. 含有 Cu^{2+} 的酸性溶液

C. 含硫代硫酸盐的溶液　　D. 含有过氧化氢的溶液

（6）下面叙述不涉及氧化还原反应的是

A. 小苏打用作食品膨松剂　　B. 谷物发酵酿造食醋

C. 含氯消毒剂用于环境消毒　　D. 大气中 NO_2 参与酸雨形成

（7）下面说法不正确的是

A. 液氯可以储存在钢瓶中

B. 天然气的主要成分是甲烷的水合物

C. 硫元素在自然界的存在形式有硫单质、硫化物和硫酸盐等

D. 天然石英和水晶的主要成分都是二氧化硅

(8) 下面说法不正确的是

A. Al_2O_3 属于两性氧化物

B. 高压钠灯可用于道路照明

C. $BaCO_3$ 不溶于水，可用作医疗上检查肠胃的钡餐

D. 碘酒可用于皮肤外用消毒

(9) 下面物质沸点和熔点最高的是

A. H_2O　　B. H_2S　　C. H_2Se　　D. CH_3OH

(10) 下面溶液能溶解 HgS 的是

A. 盐酸　　B. 硝酸　　C. $(NH_4)_2S$　　D. 王水

3. 填空题

(1) 临床上使用的无机药物如漂白粉的有效成分为________，保险粉是________。

(2) 碘分子溶于水后，由于受水分子的极化作用而显________色，加入 CCl_4 提取后，碘分子在 CCl_4 层中显明显的________色。

(3) 临床上可以用以解卤素、氰化物和重金属中毒的一种解毒剂是________，它与氰化物作用时的反应原理是________________。

(4) 照相底片定影时使用的海波是利用了其________性，化学反应式是____________。

(5) 常温下，I_2 与 NaOH 溶液反应的主要产物是________。

4. 简答题

(1) 卤素中，为什么氯、溴、碘都能形成较稳定的含氧酸根离子，而氟却不能？

(2) 溴能从含碘离子的溶液中取代出碘，而碘又能从溴酸钾溶液中取代出溴，矛盾吗？如何理解溴比碘活泼？

(3) 为什么 KI 暴露在空气中易析出碘，而 KCl 却比较稳定？

(4) 试分析在 $FeCl_3$ 溶液中通入 H_2S，能否得到 Fe_2S_3 沉淀？

(5) 溶液中含有 S^{2-}、SO_4^{2-}、CO_3^{2-}、Cl^-、NO_3^- 等离子，如何检出？

实验十二　p 区元素的性质Ⅱ
（氮、磷、砷、锑、铋、碳、硼）

一、实验目的

1. 掌握不同氧化态的氮、磷、砷、锑、铋、碳、硼等元素及其重要化合物的主要性质及性质实验的基本操作。

2. 掌握氮、磷、砷、锑、铋、碳、硼等常见离子的鉴别方法。

3. 熟悉相关化学反应式及化合物颜色。

二、实验原理

验证氮、磷、砷、锑、铋、碳、硼的相关化学性质。

三、仪器与试剂

1. 仪器

试管、试管夹、电热恒温水浴锅、酒精灯、烧杯、量筒、长滴管、离心管、离心机。

2. 试剂

$NaNO_2$（0.5 mol·L^{-1}）、KI（0.1 mol·L^{-1}）、H_2SO_4（浓，6 mol·L^{-1}，2 mol·L^{-1}）、$KMnO_4$（0.01 mol·L^{-1}）、铜片、HNO_3（浓，6 mol·L^{-1}，2 mol·L^{-1}）、$AgNO_3$（固体，0.1 mol·L^{-1}）、$Cu(NO_3)_2$（固体）、KNO_3（固体，0.1 mol·L^{-1}）、HAc（2 mol·L^{-1}）、氨基苯磺酸溶液、α-萘氨溶液、$FeSO_4$（晶体）、NH_4Cl（0.1 mol·L^{-1}）、$Hg(NO_3)_2$（0.1 mol·L^{-1}）、NaOH（6 mol·L^{-1}，2 mol·L^{-1}）、奈斯勒试剂、Na_3PO_4（0.1 mol·L^{-1}）、NaH_2PO_4（0.1 mol·L^{-1}）、Na_2HPO_4（0.1 mol·L^{-1}）、pH 试纸、$CaCl_2$（0.1 mol·L^{-1}）、$NH_3 \cdot H_2O$（2 mol·L^{-1}）、HCl（6 mol·L^{-1}，2 mol·L^{-1}）、$(NH_4)_2MoO_4$（0.1 mol·L^{-1}）、As_2O_3（固体，0.1 mol·L^{-1}）、$SbCl_3$（固体，0.2 mol·L^{-1}）、$Bi(NO_3)_3$（固体，0.2 mol·L^{-1}）、H_2S（饱和溶液）、Zn 粒、$Pb(Ac)_2$（0.2 mol·L^{-1}）、锡片、新制 $SnCl_2$（0.2 mol·L^{-1}）、甲基红指示剂（0.2%）、CO_2 气体发生器、$Ca(OH)_2$（饱和溶液）、Na_2CO_3（0.1 mol·L^{-1}）、$NaHCO_3$（0.1 mol·L^{-1}）、$Na_2B_4O_7 \cdot 10H_2O$（晶体）、H_3BO_3（晶体）、无水乙醇、铂丝、硝酸钴（固体）、三氧化二铬（固体）。

四、实验内容

（一）亚硝酸盐的氧化性和还原性

（1）在 1 ml 0.5 mol·L^{-1} $NaNO_2$ 溶液中滴加 2 滴 0.1 mol·L^{-1} KI 溶液，观察有无变化？再加入 2 滴 2 mol·L^{-1} H_2SO_4，观察现象，反应物如何检验？写出反应式。

（2）在 1 ml 0.5 mol·L^{-1} $NaNO_2$ 溶液中加入 2 滴 0.01 mol·L^{-1} $KMnO_4$ 溶液，观察有无变化？再加入 2 滴 2 mol·L^{-1} H_2SO_4，有何现象？写出反应式。

（二）硝酸及硝酸盐

（1）硝酸的性质：在 2 支试管中分别加入一小块铜片，一支试管中加入数滴浓 HNO_3，另一支试管加入数滴 2 mol·L^{-1} HNO_3（现象不明显时，可水浴微热），观察溶液和气体的颜色，写出反应式。

（2）硝酸盐的热分解反应：在 3 支试管中分别放入少量固体 $AgNO_3$、$Cu(NO_3)_2$、KNO_3，加热，观察反应产物的状态和颜色，并比较它们热分解反应的难易程度，写出反应式。

（三）NO_2^-、NO_3^-、NH_4^+ 的鉴定

（1）NO_2^- 的鉴定：取 1 ml 0.5 mol · L^{-1} $NaNO_2$ 于试管中，加入数滴 2 mol · L^{-1} HAc 酸化，再加入氨基苯磺酸和 α- 萘氨各 1 滴，红色出现，证明有 NO_2^- 存在。

（2）NO_3^- 的鉴定：取 1 ml 0.1 mol · L^{-1} KNO_3 于试管中，加入 1 ~ 2 小粒 $FeSO_4$ 晶体，振荡溶解后，将试管斜持，沿试管壁慢慢加 4 ~ 5 滴浓 H_2SO_4（使用浓 H_2SO_4 要小心）。在浓 H_2SO_4 和溶液两个液层交界处，有棕色环出现（溶液中若有 NO_2^-，加 NH_4Cl 加热除去）。

（3）NH_4^+ 的鉴定：在试管中加入 3 滴 0.1 mol · L^{-1} $Hg(NO_3)_2$ 溶液，逐滴加入 0.1 mol · L^{-1} KI 溶液至沉淀溶解，然后加入 10 滴 6 mol · L^{-1} NaOH，即得到奈斯勒试剂。

取 1 滴 0.1 mol · L^{-1} NH_4Cl 于点滴板上，滴加 2 滴奈斯勒试剂，观察是否有红棕色沉淀产生，写出反应式。

（四）磷酸盐的性质

（1）在 3 支试管中分别加入 10 滴 0.1 mol · L^{-1} Na_3PO_4、NaH_2PO_4、Na_2HPO_4 溶液，用 pH 试纸测定各管溶液的酸碱性。然后，在每管中各加入 10 滴 0.1 mol · L^{-1} $CaCl_2$ 溶液振摇，观察沉淀的产生，再在每管中各加入 5 滴 2 mol · L^{-1} 的氨水，观察沉淀的产生。最后，在每管中分别滴加 2 mol · L^{-1} HCl，观察沉淀的溶解，解释这些现象，写出有关反应式。

（2）在 2 支试管中分别加入 1 ml 0.1 mol · L^{-1} NaH_2PO_4 和 0.1 mol · L^{-1} Na_2HPO_4 溶液，再各滴入 3 ~ 5 滴 0.1 mol · L^{-1} $AgNO_3$ 溶液，观察是否有沉淀产生，为什么？写出反应式。

（3）PO_4^{3-} 的鉴定　试管中先加入 0.1 mol · L^{-1} Na_3PO_4 溶液 3 滴，然后加入 1 滴 6 mol · L^{-1} HNO_3 及 8 ~ 10 滴 0.1 mol · L^{-1} $(NH_4)_2MoO_4$ 溶液，观察沉淀产生，写出反应式。

（五）砷、锑、铋化合物的一些性质

1. 氢氧化物的酸碱性

（1）2 支试管各放入少量 As_2O_3（极毒！）粉末，一支试管中滴加 2 mol · L^{-1} NaOH 溶液，振摇使其溶解（保留此溶液，做下面实验用）；另一支试管中滴加 6 mol · L^{-1} HCl 溶液，振摇使其溶解（若不溶解，可微热），写出有关反应式。

（2）试管中加入 1 ml 0.2 mol · L^{-1} $SbCl_3$ 溶液，滴加 2 mol · L^{-1} NaOH 溶液至沉淀完全，把沉淀分成 2 份，分别滴加 6 mol · L^{-1} NaOH 溶液和 6 mol · L^{-1} HCl 溶液，观察沉淀溶解情况，写出有关反应式。

（3）用 $Bi(NO_3)_3$ 代替 $SbCl_3$ 重复（2）实验，观察并比较沉淀溶解情况。

2. 锑、铋盐的水解性

在 2 支试管中分别取绿豆大小的 $SbCl_3$、$Bi(NO_3)_3$，加入 1 ml 水，观察其现象。滴加 6 mol · L^{-1} HCl 至沉淀刚好溶解，再稀释又有何变化，写出反应式并解释。

3. **硫化物**

（1）取约 1 ml 亚砷酸钠溶液于离心管中，加入 1 ml 6 mol · L^{-1} HCl 溶液酸化后，滴入饱和 H_2S 溶液至沉淀完全，观察沉淀颜色。离心分离，弃去上清液，把沉淀分成三份，分别滴加浓盐酸、2 mol · L^{-1} NaOH 和 0.5 mol · L^{-1} Na_2S 溶液并振摇，观察沉淀溶解情况，写出反应式。

（2）用 0.2 mol · L^{-1} $SbCl_3$ 代替亚砷酸钠溶液进行上面（1）实验。

（3）用 0.2 mol · L^{-1} $Bi(NO_3)_3$ 代替亚砷酸钠溶液进行上面（1）实验。

把实验结果填入表 2-15 中，比较这些硫化物的溶解性。

表 2-15　硫化物的性质实验结果

	As_2S_3	Sb_2S_3	Bi_2S_3
颜色			
浓盐酸			
2 mol · L^{-1} NaOH			
0.5 mol · L^{-1} Na_2S			

4. **砷的鉴定**

在试管中加入含有砷的试液 2 滴，Zn 粒少许，滴加 6 mol · L^{-1} HCl 溶液 10 滴，在试管上半部放 $Pb(Ac)_2$ 棉花一小团，在棉花上放一小片沾有少许 $AgNO_3$ 溶液的滤纸，管口用纸套罩住，数分钟后，$AgNO_3$ 滤纸变为黄褐或黑色，证明砷存在。

试样中如有硫化物存在时，遇酸产生 H_2S 能使 $AgNO_3$ 变为黑色 Ag_2S，为了清除 H_2S 的干扰，需要用 $Pb(Ac)_2$ 棉花吸收 H_2S。

5. **Sb^{3+}、Bi^{3+} 的鉴定**

在一小片光亮的锡片上滴加 1 滴 0.2 mol · L^{-1} $SbCl_3$ 溶液，锡片上出现黑色，证明 Sb^{3+} 存在。写出反应式。

在 1 ml 新制的 0.2 mol · L^{-1} $SnCl_2$ 溶液中，滴加 2 mol · L^{-1} NaOH 溶液至沉淀溶解，滴加 5 滴 0.2 mol · L^{-1} $Bi(NO_3)_3$ 溶液，有黑色沉淀生成，证明有 Bi^{3+} 存在，写出反应式。

（六）碳酸和碳酸盐的性质

（1）试管中加入 3 ml 水，2 滴 0.2% 甲基红指示剂，从气体发生器中通入 CO_2，观察指示剂颜色的变化，加热溶液至沸腾，指示剂颜色又发生了怎样的变化？解释此现象。

（2）试管中加入 3 ml 饱和 $Ca(OH)_2$ 溶液，从气体发生器中通入 CO_2（控制气流速度），观察过程中沉淀的生产和溶解，写出反应式。

（3）在 2 支试管中，分别加入 10 滴 0.1 mol · L^{-1} Na_2CO_3 和 0.1 mol · L^{-1} $NaHCO_3$ 溶液，各加入 0.1% 酚酞指示剂 1 滴，比较两者颜色的不同，并解释。

（七）硼酸和硼酸盐的性质

（1）试管中加入 0.5 g $Na_2B_4O_7 \cdot 10H_2O$ 晶体和 3 ml 水，微热使其溶解，用 pH 试纸

测其酸碱性，然后加入 1 ml 6 mol·L^{-1} H_2SO_4 溶液，振荡后，把试管放在冰水中冷却，观察 H_3BO_3 结晶的析出，写出反应式。

（2）试管中加入少量 H_3BO_3 晶体和 3 ml 水，微热使其溶解，加 1 滴甲基红指示剂，把溶液分成 2 份，一份作比较，另一份加入甘油 5 滴，观察指示剂颜色的变化，解释此现象。

（3）硼的焰色反应　在蒸发皿中加入少量 H_3BO_3 晶体，1 ml 乙醇和几滴浓 H_2SO_4，混合均匀，点燃，观察火焰颜色有何特征，写出反应式。这一反应可用来鉴定硼酸、硼砂等含硼化合物。

（4）硼砂珠试验：用具有顶端弯成小圈的铂丝（实验前用砂纸清洁处理）蘸取少许硼砂固体，在氧化火焰中灼烧并熔融成圆珠。观察硼砂珠的颜色和状态。用烧红的硼砂珠分别蘸取少量硝酸钴，三氧化二铬固体熔融，冷却后观察硼砂珠的颜色。

以上实验可鉴定钴盐、铬盐。

五、实验注意事项

（1）除 N_2O 外所有氮的氧化物均有毒，尤以 NO_2 最甚，其最高容忍浓度为每升空气中不得超过 0.005 ml。NO_2 中毒尚无特效药治疗，一般是输氧气以助呼吸与血液循环。由于硝酸的分解产物或还原产物多为氮的氧化物，因此涉及硝酸的反应均应在通风橱内进行。

（2）砷、锑、铋及其化合物都是有毒物质。特别是三氧化二砷（As_2O_3，俗称砒霜）和砷化氢（AsH_3）及其他可溶性的砷化物都是剧毒物质。需在教师指导下使用，取用量要少，切勿进入口内或与有伤口的地方接触。实验后一定要洗手，若万一失误，也可用乙二硫醇解毒。

六、思考题

1. 判断题

（1）Ag_2CO_3 的热稳定性比 Na_2CO_3 强。（　　）

（2）磷是亲氧元素，同一族的砷元素却是亲硫元素。（　　）

（3）CCl_4 不易发生水解，而 $SiCl_4$ 非常容易水解。（　　）

（4）和硫酸一样，硅酸也容易溶于水。（　　）

（5）浓硝酸的还原产物是 NO_2，稀硝酸的还原产物是 NO，因此，稀硝酸的氧化性强于浓硫酸。（　　）

2. 选择题

（1）下面关于硼化合物的说法不正确的是

A. BH_3 是最简单的硼烷

B. 乙硼烷中，两个硼原子之间依靠 B-H-B 三中心两电子氢桥键结合

C. 硼砂在熔融状态下能溶解一些金属氧化物，而且显示一些特征的颜色

D. 硼酸是一元酸，与多元醇反应生成配位酸，使酸性增强

（2）干燥氨气时，干燥剂最好选用

A. $CaCl_2$　　B. 浓硫酸　　C. P_2O_5　　D. NaOH

（3）在 NO_2 与水的反应中

A. 氮元素的化合价不发生改变　　B. NO_2 只是氧化剂

C. NO_2 只是还原剂　　D. NO_2 既是氧化剂，又是还原剂

（4）向 NaH_2PO_4 溶液中加入 $AgNO_3$ 溶液后，析出的沉淀是

A. AgH_2PO_4　　B. Ag_2HPO_4　　C. Ag_3PO_4　　D. AgO

（5）配制 $SnCl_2$ 溶液时，加入盐酸和锡粒的作用是

A. 预防配制的溶液被水解

B. 预防配制的溶液被氧化

C. 前者是为了预防水解，后者是为了预防氧化

D. 没什么作用

（6）$3CaO \cdot SiO_2$ 是硅酸盐水泥的重要成分之一，其相关性质的说法不正确的是

A. 具有吸水性，需要密封保存

B. 可发生：$Ca_3SiO_5+4NH_4Cl \xlongequal{\triangle} CaSiO_3+2CaCl+4NH_3\uparrow+2H_2O$

C. 能与 SO_2 反应生成新盐

D. 与足量盐酸作用，所得固体产物主要是 SiO_2

（7）下面说法不正确的是

A. 二氧化硅导电能力强，可用于制造光导纤维

B. 石灰石在高温下可用于消除燃煤烟气中的 SO_2

C. 钠着火不能用泡沫灭火器

D. 利用催化剂可减少汽车尾气中有害气体的排放

（8）下面各酸中，属于二元酸的是

A. H_3PO_2　　B. H_3PO_3　　C. H_3PO_4　　D. $H_4P_2O_7$

（9）下面物种中，构型是“T”形的是

A. NH_3　　B. CO_3^{2-}　　C. ClF_3　　D. BF_3

（10）P 区元素，族数等于

A. 最外层电子数　　B. p 轨道的电子数

C. p 亚层的电子数　　D. 都不对

3. 填空题

（1）石墨和金刚石都是碳的________，但后者熔点高、硬度大，这是因为两者在结构上完全不同，后者的晶体质点间以________结合，属于________。

（2）金属离子溶液中加入 Na_2CO_3 溶液，由于碳酸钠溶液中含有________、________和________等阴离子，当________时，生成碳酸盐沉淀；当________时，生成氢氧化物沉淀；当________时，生成碱式碳酸盐沉淀。

（3）马氏试砷法是把砷的化合物与锌和盐酸作用，生成分子式为________的气体，基于该物质的________。将气体导入玻璃管中，在管中加热的部位呈现________，该气体加热的反应方程式是________。

（4）Pb_3O_4 呈________色（填颜色），俗称________。

（5）铋的主要氧化数是________，铋酸盐有强氧化性，在硝酸溶液中可以将 Mn^{2+} 氧化成________，这是检出 Mn^{2+} 的一种反应。

4. 简答题

砷化镓（GaAs）是优良的半导体材料，可用于制作微型激光器或太阳能电池的材料等。回答下列问题：

（1）写出基态 As 原子（33 号元素）的核外电子排布式________________________。该元素在________周期、________族________区。

（2）根据元素周期律，原子半径 Ga________As，电负性 Ga________As（填“大于”或“小于”）。

（3）$AsCl_3$ 分子的立体构型为________，其中 As 的杂化轨道类型为________。整个分子是________（极性或非极性）分子。

实验十三　d 区元素的性质 I（铜、银、锌、汞）

一、实验目的

1. 掌握不同氧化态的铜、银、锌、汞等元素及其重要化合物的主要性质及性质实验的基本操作。

2. 掌握铜、银、锌、汞等常见离子的鉴别方法。

3. 熟悉相关化学反应式及化合物颜色。

二、实验原理

验证铜、银、锌、汞的相关化学性质。

三、仪器与试剂

1. 仪器

试管、试管夹、电热恒温水浴锅、酒精灯、烧杯、量筒、长滴管、离心管、离心机。

2. 试剂

$CuSO_4$（0.1 mol · L^{-1}）、NaOH（6 mol · L^{-1}，1 mol · L^{-1}）、H_2SO_4（6 mol · L^{-1}，

2 mol · L^{-1})、HCl(浓,6 mol · L^{-1},2 mol · L^{-1})、$AgNO_3$(0.1 mol · L^{-1})、HNO_3(6 mol · L^{-1},2 mol · L^{-1})、$NH_3 \cdot H_2O$(6 mol · L^{-1},2 mol · L^{-1})、KI(0.1 mol · L^{-1})、淀粉溶液(5%)、甲醛(10%)、HAc(2 mol · L^{-1})、$K_4[Fe(CN)_6]$(0.1 mol · L^{-1})、$ZnSO_4$(0.2 mol · L^{-1})、Na_2S(1 mol · L^{-1})、$Hg(NO_3)_2$(0.1 mol · L^{-1})、$Hg_2(NO_3)_2$(0.1 mol · L^{-1})、NaCl(0.1 mol · L^{-1})、$SnCl_2$(0.1 mol · L^{-1})、$HgCl_2$(晶体)、Hg_2Cl_2(晶体)、王水(自配)。

四、实验内容

(一)铜和银的化合物

1. 氢氧化物的生成和性质

(1)在试管中加入 1 ml 0.1 mol · L^{-1} $CuSO_4$ 溶液,滴入 1 mol · L^{-1} NaOH 溶液至沉淀完全,把沉淀分成 3 份,其中 2 份分别加入 2 mol · L^{-1} H_2SO_4 和过量的 6 mol · L^{-1} NaOH 溶液,另一份加热至固体变黑。加热后的一份再加 2 mol · L^{-1} HCl,观察现象,写出反应式。

(2)在试管中加入 1 ml 0.1 mol · L^{-1} $AgNO_3$ 溶液,滴入 1 mol · L^{-1} NaOH 溶液至沉淀完全,把沉淀分成 2 份,分别加入 2 mol · L^{-1} HNO_3 和过量的 6 mol · L^{-1} NaOH 溶液,观察沉淀是否溶解?写出反应式。

2. 氨合物的生成

取 2 支试管,一支试管中加入 0.5 ml 0.1 mol · L^{-1} $CuSO_4$ 溶液,另一支试管中加入 0.5 ml 0.1 mol · L^{-1} $AgNO_3$ 溶液,然后各缓慢滴入 2 mol · L^{-1} 氨水,边滴边摇,观察反应过程中沉淀的生成和溶解情况,写出有关反应式。

3. 与碘化钾的反应

(1)在离心管中滴入 5 滴 0.1 mol · L^{-1} $CuSO_4$ 溶液和 10 滴 0.1 mol · L^{-1} KI 溶液,摇匀,离心分离,吸出上清液,用淀粉溶液检验上清液是否含有 I_2,沉淀用水洗 2 次后,观察沉淀的颜色,写出反应式。

(2)用 0.1 mol · L^{-1} $AgNO_3$ 溶液代替 $CuSO_4$ 溶液,重复(1)项实验,比较两者反应有何不同?

4. 铜、银化合物的氧化还原性

(1)在试管中加入 10 滴 0.1 mol · L^{-1} $CuSO_4$ 溶液,再加入过量 6 mol · L^{-1} NaOH 溶液和 10 滴 10% 的甲醛溶液,振摇后在水浴上加热,观察沉淀颜色的变化。然后离心分离,水洗沉淀 2 次,向沉淀滴加 6 mol · L^{-1} H_2SO_4 溶液振摇至沉淀溶解,观察沉淀颜色的变化,写出有关反应式。

(2)在试管(必须洁净)中加入 1 ml 0.1 mol · L^{-1} $AgNO_3$ 溶液,再滴加 2 mol · L^{-1} 氨水至生成的沉淀溶解后再多加 2 滴,然后加 5 滴 10% 的甲醛溶液,振摇后在水浴中加热,观察管壁上盐晶的生成,写出反应式。

5. 铜离子的鉴定

取1滴被鉴定的铜试液，加入1滴2 mol · L^{-1} HAc溶液，再加入2滴0.1 mol · L^{-1} $K_4[Fe(CN)_6]$溶液，有红棕色沉淀生成，在沉淀中加入6 mol · L^{-1}氨水，沉淀溶解呈蓝色溶液，表示有Cu^{2+}存在。

（二）锌化合物的性质

（1）氢氧化物的生成和两性性质：试管中加入1 ml 0.2 mol · L^{-1} $ZnSO_4$溶液，然后滴入1 mol · L^{-1} NaOH溶液至沉淀充分生成（不要过量）。把沉淀分成2份，分别加入6 mol · L^{-1} NaOH溶液和2 mol · L^{-1} H_2SO_4溶液，观察沉淀是否溶解，写出反应式。

（2）氨合物的生成：在试管中加入10滴0.2 mol · L^{-1} $ZnSO_4$溶液，然后逐滴加入2 mol · L^{-1}氨水，边滴边摇，观察反应过程中沉淀的生成和溶解，写出有关反应式。

（3）硫化物的性质：在盛有0.5 ml 0.2 mol · L^{-1} $ZnSO_4$溶液的试管中滴加1 mol · L^{-1} Na_2S溶液，观察沉淀的生成和颜色。将沉淀离心分离，在沉淀中加入2 mol · L^{-1} HCl，观察沉淀是否溶解，写出反应式。

（三）汞化合物的性质

（1）与NaOH的反应：取2支试管，一支试管中滴入10滴0.1 mol · L^{-1} $Hg(NO_3)_2$溶液，另一支试管中滴入10滴0.1 mol · L^{-1} $Hg_2(NO_3)_2$溶液，然后各滴入1 mol · L^{-1} NaOH溶液10滴，观察两者沉淀颜色和形态的区别。把每管的沉淀各分成2份，分别试验其在6 mol · L^{-1} HNO_3和6 mol · L^{-1} NaOH溶液中的溶解性。

（2）与KI的反应：取2支试管，一支试管中滴入10滴0.1 mol · L^{-1} $Hg(NO_3)_2$，另一支试管中滴入10滴0.1 mol · L^{-1} $Hg_2(NO_3)_2$溶液，然后各逐滴加入0.1 mol · L^{-1} KI溶液至过量，观察反应过程中两者变化的区别，写出反应式。

（3）与$SnCl_2$的反应：取2支试管，一支试管中滴入5滴0.1 mol · L^{-1} $Hg(NO_3)_2$溶液，另一支试管中滴入5滴0.1 mol · L^{-1} $Hg_2(NO_3)_2$溶液，然后各加入0.1 mol · L^{-1} NaCl溶液，观察现象。再各加入适量6 mol · L^{-1} HCl溶液后，继续各加0.1 mol · L^{-1} $SnCl_2$溶液，边滴边摇，观察变化，写出有关反应式。

（4）与氨水的反应：取$HgCl_2$与Hg_2Cl_2晶体各少许，分别逐滴加入2 mol · L^{-1}氨水至过量，边滴边摇，观察反应过程中的现象，注意两者的区别，写出有关反应式。

（5）硫化物的性质：在盛有0.5 ml 0.1 mol · L^{-1} $Hg(NO_3)_2$溶液的试管中滴加1 mol · L^{-1} Na_2S溶液，观察沉淀的生成和颜色。将沉淀离心分离，分成3份，在3份沉淀中分别加入2 mol · L^{-1} HCl、浓盐酸、王水（自配），观察沉淀是否溶解。对锌、汞硫化物的溶解性质进行总结，写出反应式。

五、实验注意事项

Fe^{3+}离子能与六氰合铁（Ⅱ）酸钾反应生成蓝色沉淀，此沉淀对鉴定Cu^{2+}会产生干扰，因此常需要预先除去 Fe^{3+} 离子。除去的方法是先加入氨水，使 Fe^{3+} 离子生成氢氧化铁沉淀，而 Cu^{2+} 离子则与氨水形成可溶性的配合物留在溶液中。

六、思考题

1. 选择题

（1）向含有 Cr^{3+}、Zn^{2+}、Hg^{2+}、Al^{3+} 离子的混合溶液中加入过量的 NaOH 溶液后，应当看到的现象是

A. 黄色沉淀和绿色溶液　　B. 白色沉淀和绿色溶液

C. 白色沉淀和无色溶液　　D. 黄色沉淀和无色溶液

（2）与 Na_2S 作用，均生成黑色沉淀的一对离子是

A. Mn^{2+} 和 Fe^{2+}　　B. Ni^{2+} 和 Zn^{2+}　　C. Cu^{2+} 和 Ag^{+}　　D. Zn^{2+} 和 Hg^{2+}

（3）下面配离子中，属四面体构型的是

A. $[Ag(S_2O_3)_2]^{3-}$　　B. $[Ni(CN)_4]^{2-}$

C. $[Hg(CN)_4]^{2-}$　　D. $[PtCl_4]^{2-}$

（4）下列各组离子中，能共存于溶液中的是

A. MnO_4^-、Mn^{2+}、NO_2^-、K^+　　B. Fe^{3+}、Cr^{3+}、I^-、Cl^-

C. $Cr_2O_7^{2-}$、Cu^{2+}、Ba^{2+}、I^-　　D. Zn^{2+}、SO_4^{2-}、Cu^{2+}、NO_3^-

（5）下列有关化学反应叙述正确的是

A. Fe 在稀硝酸中发生钝化

B. MnO_2 和稀盐酸反应可以制取氯气

C. 铁锈的主要成分可以表示为 $Fe_2O_3 \cdot nH_2O$

D. 可以用 H_2 还原 MgO 制备单质镁

（6）区别 CuCl、AgCl 和 Hg_2Cl_2 三种难溶白色固体，可以选用

A. 水　　B. 盐酸　　C. 氨水　　D. Na_2CO_3 溶液

（7）下面说法错误的是

A. 银器露置在含有 H_2S 的空气中会慢慢变黑

B. 加热 $CuCl_2 \cdot H_2O$ 固体，得到无水 $CuCl_2$

C. 锌能被氨水和 NaOH 溶液腐蚀

D. 有空气存在时，铜能溶于氨水

（8）下面有关汞元素的化合物中，颜色是黄绿色的是

A. Hg_2Cl_2　　B. HgI_2　　C. Hg_2I_2　　D. $HgNH_2NO_3$

（9）HNO_3 与过量的 Hg 反应时，生成的是

A. $Hg(NO_3)_2$　　B. Hg_2Cl_2　　C. HgO　　D. $Hg_2(NO_3)_2$

（10）氢氧化锌是两性物质，它与强碱作用得到

A. ZnO　　B. Zn^{2+}　　C. ZnS　　D. $[Zn(OH)_4]^{2-}$

2. 填空题

（1）过渡元素的价电子层包括________和________，电子最后填充在________轨道，但氧化时，首先失去的是________轨道上的电子，原因是____________________。

（2）ds 区元素包括周期表第________族和第________族元素，其中导电导热性最好的是________，延展性最好的是________，熔点最低的是________，化学性质最活泼的是________。

（3）铜能跟许多金属形成合金，黄铜是________的合金，青铜是________的合金，白铜是________的合金。

（4）在 $CuSO_4$ 溶液中加入 KI 试液，生成________色的沉淀________和________色的________溶液。

（5）目前的研究认为，人体中含量最多的微量元素是________，其次是________。

3. 简答题

（1）为什么在空气中，铜能溶于氨水？

（2）为什么加热 $CuCl_2 \cdot H_2O$ 时，得不到无水 $CuCl_2$？

（3）为什么银器露置在含有 H_2S 的空气中会慢慢变黑？

（4）从废定影液中回收银，为什么常选用 Na_2S 作沉淀剂而不选用 NaCl？

（5）试只用一种试剂来区别 CuCl、AgCl 和 Hg_2Cl_2。

（6）如何检测 $ZnSO_4$ 溶液中是否含有杂质 Cu^{2+}？若有，如何除去？

（7）在 $HgCl_2$ 和 Hg_2Cl_2 溶液中，分别加入氨水，各有什么产物生成？写出反应方程式。

（8）在 Ag^+ 溶液中，加入少量 $Cr_2O_7^{2-}$，再加入足够的 $S_2O_3^{2-}$，估计每一步有什么现象出现？写出有关离子反应方程式。

实验十四 d 区元素的性质Ⅱ（铬、锰、铁、钴、镍）

一、实验目的

1. 掌握不同氧化态的铬、锰、铁、钴、镍等元素及其重要化合物的主要性质及性质实验的基本操作。

2. 掌握铬、锰、铁、钴、镍等常见离子的鉴别方法。

3. 熟悉相关化学反应式及化合物颜色。

二、实验原理

验证铬、锰、铁、钴、镍的相关化学性质。

三、仪器与试剂

1. 仪器

试管、试管夹、电热恒温水浴锅、酒精灯、烧杯、量筒、长滴管、离心管、离心机。

2. 试剂

$Cr_2(SO_4)_3$（0.1 mol·L^{-1}）、$K_2Cr_2O_7$（0.1 mol·L^{-1}）、K_2CrO_4（0.1 mol·L^{-1}）、NaOH（2 mol·L^{-1}，6 mol·L^{-1}）、3%H_2O_2、$NaNO_2$（0.2 mol·L^{-1}）、$AgNO_3$（0.1 mol·L^{-1}）、H_2SO_4（浓，6 mol·L^{-1}，2 mol·L^{-1}，1 mol·L^{-1}）、$BaCl_2$（0.1 mol·L^{-1}）、$Pb(NO_3)_2$（0.1 mol·L^{-1}）、$MnSO_4$（0.2 mol·L^{-1}）、$KMnO_4$（0.01 mol·L^{-1}）、MnO_2（固体）、HCl（浓，2 mol·L^{-1}）、NH_4Cl（2 mol·L^{-1}）、HNO_3（6 mol·L^{-1}）、$NaBiO_3$（固体）、Na_2SO_3（0.1 mol·L^{-1}）、$(NH_4)_2Fe(SO_4)_2$（2 mol·L^{-1}，固体）、$FeCl_3$（0.2 mol·L^{-1}）、溴水、$CoCl_2$（0.2 mol·L^{-1}）、$NiSO_4$（0.2 mol·L^{-1}）、KI（0.2 mol·L^{-1}）、CCl_4。

3. 其他

pH 试纸、淀粉碘化钾试纸。

四、实验内容

1. 铬的化合物

（1）氢氧化铬（Ⅲ）的生成和性质：取 0.5 ml 0.1 mol·L^{-1} $Cr_2(SO_4)_3$ 溶液于一试管中，逐滴加入 2 mol·L^{-1} NaOH 溶液直至沉淀生成。用实验证明此沉淀具有两性性质，观察现象，写出有关反应式。

（2）铬（Ⅲ）化合物的还原性：取 0.5 ml 0.1 mol·L^{-1} $Cr_2(SO_4)_3$ 溶液于试管中，滴入 6 mol·L^{-1} NaOH 溶液至沉淀溶解为止。然后，滴入数滴 3%H_2O_2 溶液，水浴加热，观察溶液颜色的变化，写出有关反应式。

（3）铬（Ⅵ）化合物的氧化性：取 0.5 ml 0.1mol·L^{-1} $K_2Cr_2O_7$ 溶液于试管中，滴入数滴 2 mol·L^{-1} H_2SO_4 酸化。然后，滴入数滴 0.2 mol·L^{-1} $NaNO_2$ 溶液，观察溶液颜色的变化，写出有关反应式。

（4）铬酸根离子和重铬酸根离子在溶液中的平衡与转化：取 1 ml 0.1 mol·L^{-1} $K_2Cr_2O_7$ 溶液于试管中，滴入 2 mol·L^{-1} NaOH 溶液使溶液呈碱性，观察溶液颜色有何变化？再滴入 2 mol·L^{-1} H_2SO_4 使溶液呈酸性，溶液颜色又有何变化？写出有关反应式。

（5）铬酸盐的生成：于 0.1 mol·L^{-1} K_2CrO_4 溶液中，分别滴入 0.1 mol·L^{-1} $AgNO_3$、0.1 mol·L^{-1} $BaCl_2$ 和 0.1 mol·L^{-1} $Pb(NO_3)_2$ 溶液，观察沉淀颜色，写出反应式。

用 $K_2Cr_2O_7$ 溶液和 0.1 mol·L^{-1} $BaCl_2$ 溶液反应，有什么现象？反应前后，溶液的 pH 发生什么变化？试用 $Cr_2O_7^{2-}$ 与 CrO_4^{2-} 间的平衡关系说明这一实验结果，并写出反应式。

2. 锰的化合物

（1）氢氧化锰（Ⅱ）的生成和性质：在 2 ml 0.2 mol · L^{-1} $MnSO_4$ 溶液中，逐滴加入 2 mol · L^{-1} NaOH 溶液使溶液呈碱性，观察沉淀的生成，写出反应式。将沉淀分成 4 份，观察沉淀有何变化。

1）振荡，然后静置。

2）加入 2 mol · L^{-1} HCl 至溶液呈酸性。

3）加入 2 mol · L^{-1} NaOH。

4）加入 2 mol · L^{-1} NH_4Cl，观察沉淀是否溶解，写出反应式。

（2）锰（Ⅱ）的还原性：取 5 滴 0.2 mol · L^{-1} $MnSO_4$ 溶液于试管中，加入 5 滴 6 mol · L^{-1} HNO_3，再加入少量 $NaBiO_3$ 固体，微热，观察溶液颜色的变化，写出反应式。此法可鉴定 Mn^{2+} 的存在。

（3）二氧化锰的生成和性质

1）于少量 0.01 mol · L^{-1} $KMnO_4$ 溶液中逐滴加入 0.2 mol · L^{-1} $MnSO_4$ 溶液，观察有无沉淀生成，写出反应式。

2）取上述沉淀于试管中，滴入几滴 1 mol · L^{-1} H_2SO_4，再逐滴加入 0.1 mol · L^{-1} Na_2SO_3 溶液，观察沉淀是否消失，写出反应式。

3）在装有少量 MnO_2 固体的试管中滴入 2 ml 浓 H_2SO_4，加热，观察反应前后反应物的颜色和状态，有何气体生成？写出反应式。

（4）高锰酸钾的氧化性：取 3 支试管，各加入 1 ml 0.1mol · L^{-1} Na_2SO_3 溶液，在第 1 支试管加入 1 ml 2 mol · L^{-1} H_2SO_4，第 2 支试管加入 1 ml 6 mol · L^{-1} NaOH，第 3 支试管加入 1 ml 蒸馏水，每支试管再各滴入 0.01 mol · L^{-1} $KMnO_4$ 溶液 1 滴，观察各试管中的现象，比较 $KMnO_4$ 在不同酸碱性介质中的还原产物，写出有关反应式。

3. 铁（Ⅱ）、钴（Ⅱ）、镍（Ⅱ）化合物的还原性

（1）铁（Ⅱ）的还原性：在酸性介质中：在盛有 1 ml 溴水的试管里加入 6 mol · L^{-1} H_2SO_4 溶液，然后滴入 2 mol · L^{-1} $(NH_4)_2Fe(SO_4)_2$ 溶液，观察现象，写出反应式。

（2）氢氧化亚铁的生成和其还原性：取 2 支试管，在第 1 支试管中加入 1 ml 蒸馏水，再加入 2 滴 2 mol · L^{-1} H_2SO_4，煮沸（除去空气），然后加入少量硫酸亚铁铵晶体，振摇使其完全溶解；在第 2 支试管中加入 1 ml 6 mol · L^{-1} NaOH 溶液，煮沸冷却后，用长滴管吸取此 NaOH 溶液，插入第 1 支试管底部，慢慢放出 NaOH 溶液，观察 $Fe(OH)_2$ 沉淀的生成和颜色，振荡后静置，观察沉淀颜色的变化（留待下面实验用），写出反应式。

（3）钴（Ⅱ）、镍（Ⅱ）化合物的还原性：分别加入 0.5 ml 0.2mol · L^{-1} $CoCl_2$ 溶液于 2 支试管中，再各加入 1 滴 2 mol · L^{-1} NaOH 溶液，观察沉淀的生成；然后，在其中一支试管加入溴水（此管留待下面实验用），另一支试管静置于空气中，观察变化情况。

用 $NiSO_4$ 溶液代替 $CoCl_2$ 溶液，重复上述实验，比较两者有何不同。

4. 铁（Ⅱ）、钴（Ⅱ）、镍（Ⅱ）的氧化性

（1）在上面实验保留的铁、钴、镍的氢氧化物沉淀里，各加入 5 滴浓盐酸，振荡后，用润湿的淀粉碘化钾试纸检验所放出的气体，写出有关反应式。

（2）在一试管中加入 10 滴 0.2 mol · L^{-1} $FeCl_3$ 溶液和 5 滴 0.2 mol · L^{-1} KI 溶液，再加入 1 ml CCl_4 充分振荡后，观察 CCl_4 层的颜色，写出反应式。

五、实验注意事项

（1）在做氢氧化亚铁生成的实验时，要保证整个操作都要避免将空气带进溶液中，以免其被氧化成氢氧化铁。

（2）实验过程在使用浓硫酸、氢氧化钠时注意其强腐蚀性。

六、思考题

1. 选择题

（1）下列金属中，硬度最大的是

A. W　　B. Cr　　C. Mo　　D. Ni

（2）向 $Cr_2(SO_4)_3$ 溶液中加入 Na_2S 溶液，反应的主要产物是

A. $Cr_2S_3 + Na_2SO_4$　　B. $Cr(OH)_3 + H_2S$

C. $NaCrO_2 + NaHS$　　D. Cr + S

（3）下列氢氧化物中，颜色为白色的是

A. $Cr(OH)_3$　　B. $Mn(OH)_2$　　C. $Fe(OH)_3$　　D. $Ni(OH)_2$

（4）清洗贮存 $KMnO_4$ 溶液试剂瓶内壁上的棕黑色沉淀，最宜选用

A. 浓硫酸　　B. 浓硝酸　　C. 浓盐酸　　D. 冰醋酸

（5）向 $FeCl_3$ 溶液中加入过量的氨水，生成的主要产物是

A. $[Fe(NH_3)_6]^{3+}$　　B. $Fe(OH)_2Cl$

C. $Fe(OH)_3$　　D. 以上都正确

（6）在酸性条件下，H_2O_2 与 Fe^{2+} 作用的主要产物是

A. $Fe_2O + H^+$　　B. $Fe^{3+} + H_2O$　　C. $Fe + O_2$　　D. $Fe^{3+} + O_2$

（7）欲除去 $CuSO_4$ 溶液中少量的 Fe^{3+}，可选用试剂

A. Na_2CO_3　　B. $NH_3 \cdot H_2O$　　C. NaOH　　D. Na_2S

（8）下列新制备的沉淀在空气中放置，颜色不发生变化的是

A. $Mn(OH)_2$　　B. $Fe(OH)_2$　　C. $Co(OH)_2$　　D. $Ni(OH)_2$

（9）下列化合物中，与浓盐酸作用没有氯气放出的是

A. Pb_2O_3　　B. Fe_2O_3　　C. Co_2O_3　　D. Ni_2O_3

（10）下列各对离子中，能用 NaOH 溶液进行分离的是

A. Cr^{3+} 和 Fe^{3+}　　B. Cr^{3+} 和 Zn^{2+}　　C. Cu^{2+} 和 Ag^+　　D. Cu^{2+} 和 Fe^{3+}

（11）在含有下列离子的溶液中，分别通入 H_2S，有沉淀生成的是

A. Al^{3+}　　B. Co^{2+}　　C. Cr^{3+}　　D. Mn^{2+}

（12）下面有关铬元素的离子，颜色错误的是

A. CrO_2^{2-}（深绿色）　　B. CrO_4^{2-}（黄色）

C. $Cr_2O_7^{2-}$（橙红色）　　D. Cr^{3+}（无色）

（13）摩尔盐是常见的铁（Ⅱ）盐，它的化学式是

A. $FeCl_2$　　B. $FeSO_4 \cdot 7H_2O$

C. $FeCl_3$　　D. $FeSO_4 \cdot (NH_4)_2SO_4 \cdot 6H_2O$

（14）Fe_3O_4 的中铁元素的氧化数是

A. +2　　B. +3　　C. +2 和 +3　　D. 8/3

（15）关于 $KMnO_4$ 强氧化性说法错误的是

A. 作氧化剂时，其还原产物与反应介质的酸碱性有关

B. 酸性条件，还原产物是 Mn^{2+}

C. 近中性条件，还原产物是 MnO_2

D. 强碱性条件，还原产物是 $Mn(OH)_2$

2. 填空题

（1）在酸性介质中，$Cr_2O_7^{2-}$ 具有________性，其还原产物为________，在碱性介质中以________形式存在，其氧化性________，而 $Cr(OH)_3$ 具有________性，其氧化产物为________。

（2）在酸性介质中，锰元素的________和________易发生歧化反应，该歧化反应方程式为________________________________和________________________________。

（3）用 $KMnO_4$ 标准溶液在酸性溶液中测定 Fe^{2+} 时，应该用________酸调节 pH，如果用盐酸调节 pH，将会使测定结果 Fe^{2+} 含量偏________。若改用硝酸，则使测定结果偏________。如果滴定时，pH 偏高，将使测定结果________。

（4）黄血盐的化学式是________________，与 Fe^{3+} 作用生成________色的沉淀________，俗称________。赤血盐的化学式是________________，与 Fe^{2+} 作用生成________色的沉淀________，俗称________。实验研究证明这两种沉淀为________物质。

（5）*cis*-$[PtCl_2(NH_3)_2]$ 的中文名称是________，简称________，它是 20 世纪 70 年代起广泛应用于临床的________。

3. 综合题

研究发现，在 CO_2 低压合成甲醇反应（$CO_2+3H_2 = CH_3OH+H_2O$）中，Co 氧化物负载的 Mn 氧化物纳米粒子催化剂具有高活性，显示出良好的应用前景。

（1）Co 基态原子核外电子排布式为________________。元素 Mn 与 O 中，第一电离能较大的是________，基态原子核外未成对电子数较多的是________________。

（2）CO_2 和 CH_3OH 分子中 C 原子的杂化形式分别为________和________。

（3）在 CO_2 低压合成甲醇反应所涉及的 4 种物质中，沸点从高到低的顺序为________，

原因是______________。

（4）硝酸锰是制备上述反应催化剂的原料，$Mn(NO_3)_2$ 中的化学键除了 σ 键外，还存在________________________。

实验十五 配位化合物的制备及其性质

一、实验目的

1. 掌握配位化合物的生成和组成。
2. 熟悉配位平衡与沉淀反应、氧化还原反应以及溶液酸碱性的关系。

二、实验原理

由中心原子（离子）和配体分子（离子）以配位键相结合而形成的不易解离的复杂分子或离子，通常称为配位分子（或配离子），其中配体分子（离子）称为配位剂或配体，含有配离子（配位分子）的化合物称为配位化合物，简称配合物。配合物的形成是一个可逆反应，例如，Cu^{2+} 与过量氨水混合生成 $[Cu(NH_3)_4]^{2+}$，其反应式为：

$$Cu^{2+} + 4NH_3 \rightleftharpoons [Cu(NH_3)_4]^{2+}$$

1. 配位平衡的移动

配位平衡是一种动态平衡，若平衡体系改变，平衡则会发生移动。如改变溶液的浓度和酸碱性、加入沉淀剂或氧化剂、同时存在多种配体，都有可能导致配位平衡移动甚至转化。

（1）浓度对配位平衡的影响：上述反应中，若增加配体 NH_3 的浓度，平衡向生成配离子的方向移动；若降低配体 NH_3 的浓度，平衡则向配离子解离的方向移动。

（2）沉淀平衡对配位平衡的影响：如在配合物的溶液中，加入能与中心原子（离子）生成难溶物的沉淀剂，会降低溶液中未配位的中心原子（离子）的浓度，则促使配离子解离。反之，若在金属难溶盐中加入一种足量的、能与中心原子（离子）生成稳定、易溶的配合物的配位剂，则可使该金属离子的难溶盐溶解；若同时加入配位剂和沉淀剂，它们对金属离子的竞争结果，由相应难溶物的 K_{sp} 和相应配离子的 K_s 的相对大小决定。

（3）溶液酸度对配位平衡的影响：若配离子的配体是弱碱（如 NH_3）或者是弱酸根（如 CN^-、$S_2O_3^{2-}$、EDTA），则加入强酸会促使配离子解离。

（4）其他配位平衡对配位平衡的影响：在同一配位离子的溶液中，若同时存在两种配位剂，则先与能生成较稳定配合物的配位剂结合。例如，在含有 F^- 和 SCN^- 的溶液中加入 Fe^{3+}，则主要生成稳定的 $[FeF_6]^{3-}$ 配离子，血红色的配离子 $[Fe(SCN)_6]^{3-}$ 不能生成或者浓度很低。而在 Cr^{3+} 与 EDTA 所形成的配合物溶液中加入过量氨水可生成 $[Cr(OH)Y]^{2-}$（Y=EDTA）的配离子。

2. 配合物化学性质的改变

在配离子中，受配体的影响，中心离子原来的电子结构会发生改变，因而导致其氧化还原性可能改变。例如，$[Co(CN)_6]^{4-}$ 的还原性比 Co^{2+} 的还原性强得多。

三、仪器与试剂

1. 仪器

烧杯、试管、滴管、离心试管、离心机、普通电子天平、干燥箱、布氏漏斗、抽滤瓶、真空泵。

2. 试剂

酚酞指示剂、碘试液、$CuSO_4 \cdot 5H_2O$（固体）、NaF（固体）、HCl（1 $mol \cdot L^{-1}$，6 $mol \cdot L^{-1}$）、氨水（浓，2 $mol \cdot L^{-1}$）、NaOH（1 $mol \cdot L^{-1}$）、Na_2CO_3（0.1 $mol \cdot L^{-1}$）、Na_2S（0.1 $mol \cdot L^{-1}$）、$BaCl_2$（0.1 $mol \cdot L^{-1}$）、KSCN（1 $mol \cdot L^{-1}$）、NaCl（0.1 $mol \cdot L^{-1}$）、KBr（0.1 $mol \cdot L^{-1}$）、乙二胺四乙酸二钠（0.1 $mol \cdot L^{-1}$）、$K_4P_2O_7$（0.1 $mol \cdot L^{-1}$）、$Na_2S_2O_3$（0.5 $mol \cdot L^{-1}$）、KCN（0.5 $mol \cdot L^{-1}$）、$AgNO_3$（0.1 $mol \cdot L^{-1}$）、KI（0.1 $mol \cdot L^{-1}$）、柠檬酸钠（1 $mol \cdot L^{-1}$）、$FeCl_3$（0.1 $mol \cdot L^{-1}$）、$CuSO_4$（0.1 $mol \cdot L^{-1}$）、$CaCl_2$（0.1 $mol \cdot L^{-1}$）、$CoCl_2$（0.5 $mol \cdot L^{-1}$）、$CrCl_3$（0.1 $mol \cdot L^{-1}$）、H_2O_2（30%）、乙醇（95%）、丙酮、淀粉溶液。

3. 其他

pH 试纸、红色石蕊试纸。

四、实验内容

1. 配合物的形成——$[Cu(NH_3)_4]SO_4$ 的制备及其性质

（1）$[Cu(NH_3)_4]SO_4$ 的制备：称取 2.5 g（相当于 0.01 mol）$CuSO_4 \cdot 5H_2O$ 固体于小烧杯中，加入 10 ml 去离子水，搅拌至固体全部溶解。加入 5 ml 浓氨水（相当于 0.07 mol NH_3），混匀，再加入等体积 95% 乙醇，混合均匀。放置 2 ~ 3 min 后，抽滤，用少量的 95% 乙醇洗涤沉淀 1 ~ 2 次。观察并记录产品的性状。

（2）$[Cu(NH_3)_4]SO_4$ 性质

1）取少量 $[Cu(NH_3)_4]SO_4$ 于小烧杯中，加少许去离子水使其溶解。观察并记录溶液的颜色，再继续加入水，观察溶液颜色是否变化。

2）取少量 $[Cu(NH_3)_4]SO_4$ 于小烧杯中，加少许去离子水使其溶解。逐滴滴加 1 $mol \cdot L^{-1}$ HCl 溶液至过量，观察并记录溶液的颜色，再继续加入过量的浓氨水，观察溶液颜色的变化。根据以上现象，讨论该配合物在溶液中的形成和解离。

3）取少量 $[Cu(NH_3)_4]SO_4$ 于小烧杯中，加 6 ml 去离子水使其溶解，然后分装于 3 支试管中，记录实验现象（表 2-16）。

表 2-16 $[Cu(NH_3)_4]SO_4$ 的性质实验记录

试管编号	加入试剂	现象
a	滴加 0.1 mol · L^{-1} Na_2CO_3 溶液	
b	滴加 0.1 mol · L^{-1} Na_2S 溶液	
c	滴加 0.1 mol · L^{-1} $BaCl_2$ 溶液	

根据实验结果，分析该配合物的内界和外界组成。

4）取少量 $[Cu(NH_3)_4]SO_4$（已干燥），闻一闻有没有氨臭味，然后将其装入 1 支干燥的试管中，并在管口放一条湿润的 pH 试纸或红色石蕊试纸。微火加热，观察并记录试纸颜色、残余固体的颜色变化，闻一闻有没有氨臭味。

根据实验结果，说明 NH_3 分子是否参与组成配合物，其结合是否牢固。

2. 配合物的稳定性

在 1 支离心试管中加入 5 滴 0.1 mol · L^{-1} $AgNO_3$ 溶液和 5 滴 0.1 mol · L^{-1} NaCl 溶液，混合均匀后离心分离，弃去上清液，然后边振荡边向沉淀中加入浓氨水至沉淀刚好溶解为止。

在上述溶液中加入 1 滴 0.1 mol · L^{-1} NaCl 溶液，观察有无白色沉淀 AgCl 生成，再继续滴加 1 滴 0.1 mol · L^{-1} KBr 溶液，观察沉淀的颜色，然后继续加入 0.1 mol · L^{-1} KBr 溶液至不再产生沉淀为止。离心分离，弃去上清液。在 AgBr 沉淀中加入 0.5 mol · L^{-1} $Na_2S_2O_3$ 溶液至沉淀刚好溶解为止。继续向该溶液中加入 1 滴 0.1 mol · L^{-1} KBr 溶液，观察有无浅黄色 AgBr 沉淀生成。再加入 1 滴 0.1 mol · L^{-1} KI 溶液，观察沉淀 AgI 的颜色，然后继续加入 0.1 mol · L^{-1} KI 溶液至不再产生沉淀为止。离心分离，弃去上清液。在 AgI 沉淀中加入 0.5 mol · L^{-1}KCN 溶液至沉淀刚好溶解为止。

根据以上实验结果，比较：①难溶物 AgCl、AgBr、AgI 的 K_{sp} 大小；②配离子 $[Ag(NH_3)_2]^+$、$[Ag(S_2O_3)_2]^{3-}$、$[Ag(CN)_2]^-$ 的稳定性大小。

3. 配合物的形成和溶液酸碱性的关系

（1）配合物形成时的 pH 变化：取 2 支试管，按表 2-17 所示加入试剂。

表 2-17 试液的配制

试管 a	0.1 mol · L^{-1} $CaCl_2$ 溶液 2 ml	1 滴酚酞指示剂
试管 b	0.1 mol · L^{-1} 乙二胺四乙酸二钠溶液 2 ml	1 滴酚酞指示剂

观察 a 和 b 溶液的颜色，然后用 2 mol · L^{-1} 氨水调节 a 和 b 溶液刚好变红。把 a 和 b 两溶液混在一起，溶液颜色有什么变化？分析在什么情况下，配合物形成时溶液的 pH 降低。

（2）溶液 pH 对配位平衡的影响

1）柠檬酸对 Fe^{3+} 的配位：在 1 支试管中加入 1 ml 0.1 mol · L^{-1} $FeCl_3$ 溶液，再逐滴加入 1 mol · L^{-1} 柠檬酸钠溶液 1 ml，观察并记录溶液颜色的变化。将溶液分成 3 份，按表 2-18 内容操作。根据结果判断柠檬酸铁在酸性和碱性溶液中的稳定性。

表 2-18　溶液 pH 对配位平衡的影响

编号	样品	溶液颜色
a	作为对照品	
b	滴加 1 mol · L^{-1} NaOH 溶液（呈碱性）	
c	滴加 1 mol · L^{-1} HCl 溶液（呈酸性）	

已知 Fe^{3+} 呈橙黄色，Fe^{3+} 的柠檬酸配合物呈亮黄至黄绿色，$Fe(OH)_3$ 呈红棕色。

2）pH 对 $[Fe(SCN)_6]^{3-}$ 形成的影响：在试管中加入 5 滴 0.1 mol · L^{-1} $FeCl_3$ 溶液和 1 ml 1 mol · L^{-1} KSCN 溶液，观察并记录溶液颜色。将溶液分成两份，按表 2-19 内容操作。根据结果判断 $[Fe(SCN)_6]^{3-}$ 在酸性和碱性溶液中的稳定性。

表 2-19　pH 对 $[Fe(SCN)_6]^{3-}$ 形成的影响

编号	滴加试剂	溶液颜色
a	滴加 1 mol · L^{-1} NaOH 溶液（呈碱性）	
b	滴加 1 mol · L^{-1} HCl 溶液（呈酸性）	

4. 配合物的活动性

在试管中加入 10 滴 0.1 mol · L^{-1} $CrCl_3$ 溶液（什么颜色?）和 2 ml 0.1 mol · L^{-1} 乙二胺四乙酸二钠溶液，混匀，观察并记录溶液颜色。判断有无配合物形成（Cr^{3+} 的 EDTA 配合物呈紫红色）。将溶液煮沸 5 min，观察有无配合物形成，然后加入 1～2 滴 2 mol · L^{-1} 氨水，观察是否生成绿色的 $Cr(OH)_3$ 沉淀，讨论 Cr^{3+} 与乙二氨四乙酸不易形成配合物的原因。

5. 配位对氧化还原能力的改变

（1）在试管中加入 5 滴 0.5 mol · L^{-1} $CoCl_2$ 溶液（什么颜色?）和 5 滴 30% H_2O_2，混匀，观察现象。判断 H_2O_2 能否把 Co^{2+} 氧化成 Co^{3+}（Co^{3+} 呈棕色）?

（2）在试管中加入 5 滴 0.5 mol · L^{-1} $CoCl_2$ 溶液，加入过量浓氨水至沉淀溶解，观察溶液颜色变化。再加入 30% H_2O_2，观察有无颜色变化（注意安全）。继续加入 6 mol · L^{-1} HCl 将溶液酸化（注意安全），记录并观察溶液颜色变化。此时钴的氧化数是多少？形成氨配合物对 Co^{2+} 的还原性有何影响?

6. 配位掩蔽

（1）在试管中加入 5 滴 0.1 mol · L^{-1} $FeCl_3$ 溶液、5 滴 1 mol · L^{-1} KSCN 溶液，再加入少许固体 NaF，摇匀，观察并记录溶液颜色的变化，并写出反应式。

（2）在试管中加入 5 滴 0.5 mol · L^{-1} $CoCl_2$ 溶液和 5 滴 1 mol · L^{-1} KSCN 溶液，再加 10 滴丙酮，观察溶液颜色变化情况，再加入少量 NaF 固体，溶液的蓝色是否褪去?

你能根据上述实验设计一种在 Fe^{3+} 存在下检验 Co^{2+} 的方法吗?

7. 螯合物的生成

（1）在试管中加入 2 滴 0.1 mol · L^{-1} $CuSO_4$ 溶液，然后逐滴加入 0.1 mol · L^{-1} $K_4P_2O_7$ 溶液至沉淀溶解，生成蓝色透明溶液。

$$2Cu^{2+}+P_2O_7^{4-} = Cu_2P_2O_7\downarrow$$

$$Cu_2P_2O_7+3P_2O_7^{4-} = 2[Cu(P_2O_7)_2]^{6-}$$

（2）在试管 1 中加入 5 滴 0.1 mol · L^{-1} $CaCl_2$ 溶液，再加 10 滴 0.1 mol · L^{-1} 乙二胺四乙酸二钠溶液，然后加 5 滴 0.1 mol · L^{-1} Na_2CO_3；在试管 2 中加入 5 滴 0.1 mol · L^{-1} $CaCl_2$ 溶液，再加 10 滴去离子水，然后加 5 滴 0.1 mol · L^{-1} Na_2CO_3，观察两支试管的实验现象并解释。

五、实验注意事项

（1）高浓度 H_2O_2 有强烈的腐蚀性。吸入该蒸气或雾气对呼吸道有强烈刺激性。

（2）在实验过程中注意观察溶液颜色的变化以及沉淀的生成或溶解。并能用理论知识解释实验现象。

六、思考题

1. 判断题

（1）配合物的中心原子都是金属元素。（ ）

（2）外轨配合物的磁矩一定比内轨配合物的磁矩大。（ ）

（3）任何配合物都有高自旋、低自旋之分。（ ）

（4）内轨配合物一定比外轨配合物稳定。（ ）

（5）配位体的数目就是中心离子的配位数。（ ）

（6）配离子的电荷数等于中心离子的电荷数。（ ）

（7）几个配合物相比，$K_{稳}$大的，其稳定性也一定最大。（ ）

（8）配合物内界和外界之间是离子键。（ ）

（9）螯合物通常比相同配原子的相应单齿配合物稳定。（ ）

（10）有两个配位原子或两个以上配原子的配体都可与中心离子形成螯合物。（ ）

2. 选择题

（1）配合物 $K_2[CaY]$ 的名称和配位数分别为

A. EDTA 和钙（Ⅱ）酸钾，1　　B. EDTA 合钙（Ⅱ）酸钾，4

C. EDTA 和钙（Ⅲ）酸钾，6　　D. EDTA 合钙（Ⅱ）酸钾，6

（2）$K_4[Fe(CN)_6]$ 的正确命名为

A. 六氰合铁（Ⅱ）酸钾　　B. 六氰合铁（Ⅲ）酸钾

C. 六氰合铁（0）酸钾　　D. 6 氰合铁（Ⅱ）酸钾

(3) 下列不能作为配位体的物质是

A. $C_6H_5NH_2$　　B. CH_3NH_2　　C. NH_4^+　　D. NH_3

(4) 关于螯合物的叙述，不正确的是

A. 螯合物的配位体是多齿配体，与中心原子形成环状结构

B. 螯合物中环愈多愈稳定

C. 螯合剂中有空间位阻时，螯合物稳定性减小

D. 螯合剂中配位原子相隔越远形成的环越大，螯合物稳定性越强

(5) 配合物的磁矩主要取决于中心原子的

A. 原子序数　　B. 未成对电子数　　C. 成对电子数　　D. 核电荷数

(6) 在 $[Ru(NH_3)_4Br_2]^+$ 中，Ru 的氧化数和配位数分别是

A. +2 和 4　　B. +2 和 6　　C. +3 和 6　　D. +3 和 4

(7) 在 $FeCl_3$ 溶液中滴加 KSCN 试剂，溶液变红的原因是

A. $FeCl_3$ 溶液被稀释　　B. 生成了 $[Fe(SCN)_6]^{3-}$

C. KSCN 试剂本身就是红色的　　D. 生成了 $Fe(SCN)_3$ 沉淀

(8) 已知 AgI 的 $K_{sp}=K_1$，$[Ag(CN)_2]^-$ 的 $K_s=K_2$，反应 $AgI(s)+2CN^- \rightleftharpoons [Ag(CN)_2]^- + I^-$ 的平衡常数 K 为

A. K_1K_2　　B. K_2/K_1　　C. K_1/K_2　　D. K_1+K_2

(9) $Na_2S_2O_3$ 可作为重金属中毒时的解毒剂，这是利用它的

A. 还原性　　B. 氧化性

C. 配位性　　D. 与重金属离子生成难溶物

(10) 某元素的配离子呈八面体结构，该元素的配位数是

A. 2　　B. 4　　C. 6　　D. 8

(11) 在配合物中，中心原子的杂化轨道类型属于内轨型的是

A. sp^3　　B. dsp^2　　C. sp^3d^2　　D. sp

(12) $Cu^{2+} + 4NH_3 \rightleftharpoons [Cu(NH_3)_4]^{2+}$的配位反应，其 $K_{稳}$的表达式是

A. $\dfrac{[Cu^{2+}][NH_3]^4}{[Cu(NH_3)_4^{2+}]^2}$　　B. $\dfrac{[Cu^{2+}][4NH_3]}{[Cu(NH_3)_4]^2}$

C. $\dfrac{[Cu(NH_3)_4^{2+}]}{[Cu^{2+}][NH_3]^4}$　　D. $\dfrac{[Cu(NH_3)_4]^{2+}}{[Cu^{2+}][4NH_3]}$

(13) 配合物的稳定常数 $K_{稳}$与不稳定常数 $K_{不稳}$的关系是

A. $K_{稳}=K_{不稳}$　　B. $K_{稳}\cdot K_{不稳}=0$　　C. $K_{稳}\cdot K_{不稳}=1$　　D. $K_{稳}\cdot K_{不稳}=K_w$

(14) 已知 $[Fe(CN)_6]^{4-}$ 的 $K_{稳}=1.0\times10^{35}$，则 $0.010\ mol\cdot L^{-1}$ $[Fe(CN)_6]^{4-}$ 溶液中游离的 Fe^{2+} 的浓度是

A. $0.010\ mol\cdot L^{-1}$　　B. $1.1\times10^{-6}\ mol\cdot L^{-1}$

C. $1.0\times10^{35}\ mol\cdot L^{-1}$　　D. $1.0\times10^{-35}\ mol\cdot L^{-1}$

(15) 配离子 $[Mn(SCN)_6]^{4-}$ 的磁矩实验值是 6.1 μ_B，则可推断出中心原子的未成对电

子数、杂化类型、配合物类型是

A. 4　sp^3d^2　外轨配合物　　B. 4　d^2sp^3　内轨配合物

C. 5　sp^3d^2　内轨配合物　　D. 5　sp^3d^2　外轨配合物

3. 简答题

（1）已知 $\varphi^{\theta}_{Co3+/Co2+}$=1.842 V，$\varphi^{\theta}_{O2/OH-}$=0.401 V，$\varphi^{\theta}_{O2/H2O}$=1.229 V，$[Co(NH_3)_6]^{3+}$ 的 $K_{稳}$ = 1.38×10^5，$[Co(NH_3)_6]^{2+}$ 的 $K_{稳}$=1.58×10^{35}，试解释 Co^{3+} 能氧化水，$[Co(NH_3)_6]^{3+}$ 却不能。

（2）在含有 1.3 mol·L^{-1} $AgNO_3$ 和 0.054 mol·L^{-1} NaBr 溶液中，如果不使 AgBr 沉淀生成，溶液中游离的 CN^- 离子的最低浓度应是多少？

实验十六　基础化学综合考核实验

基础化学是医学及相关专业的重要基础课程，涉及无机化学、分析化学、物理化学的基本知识，包括溶液的概念、性质、化学反应基本原理、物质结构与性质、滴定分析和分光光度等内容。基础化学实验课是基础化学课程的重要组成部分，是强化理解和巩固理论知识的重要环节，学生学习并掌握基础化学实验的基础知识和基本技能。综合考核涵盖了基础化学的基本概念、基本理论、各类定量计算、实验基础知识和技能的内容。通过选择、判断、填空、计算等方式测试理论和实验的知识要点、强调知识的运用，培养学生严谨的科学态度和良好的实验素养，为后续有机化学、生物化学课程的学习打下坚实基础，做好知识储备。

一、实验目的

1. 掌握 p、d 区元素及其重要化合物的主要性质实验的基本操作。
2. 熟悉相关化学反应式及化合物颜色。

二、实验原理

验证 p、d 区元素相关化学性质。

三、仪器与试剂

见实验十一至实验十四的所有仪器和试剂。

四、实验内容

学生选择一项，通过查阅有关资料，自行设计实验方案，经教师审阅同意后，独立完成实验，并提交报告。

（1）通过已学过的溶解和结晶等理论知识，以食盐和硫酸铵为原料，设计制备氯化铵。

（2）水溶液中 Pb^{2+}、Ag^{+}、Hg^{2+}、Cu^{2+} 的检出和分离。

（3）水溶液中 Cl^{-}、CO_3^{2-}、PO_4^{3-}、SO_4^{2-} 的检出。

（4）由废铁屑制备 $FeCl_3$。

（5）设计一组实验，实现改变介质条件，提高氧化剂的氧化能力或提高还原剂的还原能力。

五、实验注意事项

（1）完成实验后按实验台上的标签摆好试剂。

（2）把试管清洗干净摆整齐。

六、思考题

1. 选择题

（1）婴儿胃液 pH=5，成人胃液 pH=1，则成人胃液中［H^+］是婴儿胃液中的几倍

A. 10^{-4}　　B. 4　　C. 10^{4}　　D. 10^{5}

（2）比较相同温度下以下溶液渗透压的大小顺序为

①c（$C_6H_{12}O_6$）= 0.2 mol · L^{-1}　　②c［（1/2）Na_2CO_3］= 0.2 mol · L^{-1}

③c［（1/3）Na_3PO_4］= 0.2 mol · L^{-1}　　④c（NaCl）= 0.2 mol · L^{-1}

A. ④>②>③>①　　B. ④>③>②>①

C. ①>③>②>④　　D. ④>②>①>③

（3）将下列各对溶液等体积混合后，不是缓冲溶液的是

A. 0.2 mol · L^{-1} H_3PO_4 和 0.6 mol · L^{-1} NaOH

B. 0.1 mol · L^{-1} H_3PO_4 和 0.15 mol · L^{-1} NaOH

C. 0.2 mol · L^{-1} H_3PO_4 和 0.1 mol · L^{-1} NaOH

D. 0.4 mol · L^{-1} NH_3 和 0.2 mol · L^{-1} HCl

（4）下列溶液中，可使红细胞发生皱缩现象的溶液是

A. c(NaCl) =0.1 mol · L^{-1}

B. c(NaCl) =0.5 g · L^{-1}（M=58.5g × mol^{-1}）

C. c(Na_2CO_3) =0.15 mol · L^{-1}

D. c(蔗糖) =0.3 mol · L^{-1}

（5）NH_3 和 NH_4Cl 组成 pH=9.00 的缓冲溶液，［NH_3］/［NH_4^+］的缓冲比为（已知：pK_b= 4.75）

A. 5.6　　B. 0.35　　C. 0.56　　D. 1.78

（6）在 $BaSO_4$ 溶液中加入下列何种物质将不使 $BaSO_4$ 的溶解度下降

A. 1 mol · L^{-1} $MgSO_4$　　B. 1 mol · L^{-1} KCl

C. 1 mol · L^{-1} $BaCl_2$　　D. 1 mol · L^{-1} $Ba(NO_3)_2$

（7）在纯水中加入一些酸，其溶液的

A. [H^+] 与 [OH^-] 乘积变大　　B. [H^+] 与 [OH^-] 乘积变小

C. [H^+] 与 [OH^-] 乘积不变　　D. [H^+] 等于 [OH^-]

（8）硼酸（H_3BO_3）的 pK_a=9.27，硼酸与 NaOH 配制的缓冲溶液的缓冲范围

A. pH=8.27～10.27　　B. pH=6.27～10.27

C. pH=7.27～11.27　　D. pH=8.27～11.27

（9）柠檬酸（H_3Cit）的 pK_{a1}=3.14，pK_{a2}=4.77，pK_{a3}=6.39。欲配制 pH=3.50 的缓冲溶液，应选用的缓冲系是

A. H_3Cit-H_2Cit^-　　B. H_2Cit^--$HCit^{2-}$

C. $HCit^{2-}$-Cit^{3-}　　D. H_3Cit-Cit^{3-}

（10）关于渗透压定律的数学表达式，下列说法不正确的是

A. 一般表达式只适用于非电解质溶液

B. 在一般表达式中增加校正因子后，可近似处理电解质溶液问题

C. 渗透压与温度有关

D. 渗透压与溶质的本性有关

（11）按酸碱质子理论，下列物质中既是酸，又是碱的是

A. Na_3PO_4　　B. HCN　　C. NH_4Cl　　D. NH_4Ac

（12）磷酸 H_3PO_4 的 pK_{a1}=2.16，pK_{a2}=7.21，pK_{a3}=12.32，则 HPO_4^{2-} 的 pK_b 为

A. 6.79　　B. 11.84　　C. 1.68　　D. 1.0

（13）决定酸的强度的因素是

A. 解离度　　B. 浓度

C. 解离平衡常数　　D. 浓度与解离平衡常数的乘积

（14）HAc 在下列哪一种溶液中解离度最大

A. 0.1 mol · L^{-1} NaCl　　B. 0.1 mol · L^{-1} HCl

C. 0.1 mol · L^{-1} NaAc　　D. 纯水

（15）工业废水中常含有 Cu^{2+}、Cd^{2+}、Pb^{2+} 等重金属离子，可通过加入过量的难溶电解质 FeS、MnS，使这些金属离子形成硫化物沉淀除去。根据以上事实，可推知 FeS、MnS 具有的相关性质是

A. 在水中的溶解能力小于 CuS、CdS、PbS

B. 在水中的溶解能力大于 CuS、CdS、PbS

C. 在水中的溶解能力与 CuS、CdS、PbS 相同

D. 两者均具有较强的吸附性

（16）由 HPO_4^{2-}-PO_4^{3-}（H_3PO_4 的 pK_{a1}=2.16，pK_{a2}=7.21，pK_{a3}=12.32）构成的缓冲溶液在总浓度相同的条件下，缓冲能力最强的溶液的 pH 为

A. 10.25　　B. 12.50　　C. 7.21　　D. 6.05

（17）25℃时，在 PbI_2 的饱和溶液中存在平衡 $PbI_2(s) \rightleftharpoons 2Pb^{2+}(aq) + 2I^-(aq)$，加入 KI 溶液，下列说法正确的是

A. 溶液中 Pb^{2+} 和 I^- 浓度都增大　　B. 溶度积常数 K_{sp} 增大

C. 沉淀溶解平衡向右移动　　D. 离子积 IP 增大

（18）在下列三元弱酸 H_3PO_4 的 3 对共轭酸碱 K_a 和 K_b 的关系式中，正确的是

A. $K_{a1}K_{b1}=K_w$　　B. $K_{a2}K_{b2}=K_w$

C. $K_{a3}K_{b3}=K_w$　　D. 三个关系式都正确

（19）已知几种难溶电解质的溶度积常数 K_{sp}（25℃）见下表，下列叙述不正确的是

难溶电解质	AgCl	AgBr	AgI	Ag_2SO_4	Ag_2CrO_4
K_{sp}	1.8×10^{-10}	5.4×10^{-13}	8.5×10^{-17}	1.4×10^{-5}	1.12×10^{-12}

A. 由溶度积常数可判断在相同条件下一些物质的溶解性大小

B. 将等体积的 4×10^{-3} mol · L^{-1} 的 $AgNO_3$ 溶液和 4×10^{-3} mol · L^{-1} K_2CrO_4 溶液混合，有 Ag_2CrO_4 沉淀产生

C. 向 AgCl 的悬浊液中滴加饱和 NaBr 溶液可以得到黄色 AgBr 悬浊液

D. 向 100 ml 0.1 mol · L^{-1} 的 Na_2SO_4 溶液中加入 1 ml 0.1 mol · L^{-1} 的 $AgNO_3$ 溶液，有白色沉淀生成

（20）临床上将两种等渗溶液以任意比混合（不发生化学反应），所得溶液是

A. 等渗溶液　　B. 低渗溶液　　C. 高渗溶液　　D. 无法判断

（21）室温时，难溶电解质 A_3B_2 的 K_{sp} 与它的溶解度 S(mol · L^{-1}) 的关系式是

A. $S=\sqrt{K_{sp}}$　　B. $S=\sqrt[3]{\frac{K_{sp}}{6}}$　　C. $S=\sqrt[5]{\frac{K_{sp}}{36}}$　　D. $S=\sqrt[5]{\frac{K_{sp}}{108}}$

（22）用 H_3PO_4（pK_{a1}=2.16，pK_{a2}=7.21，pK_{a3}=12.32）和 NaOH 所配制成的 pH=7.40 的缓冲溶液中，抗碱成分是

A. H_3O^+　　B. H_3PO_4　　C. HPO_4^{2-}　　D. $H_2PO_4^-$

（23）用理想半透膜将 0.02 mol · L^{-1} 蔗糖溶液和 0.02 mol · L^{-1} NaCl 溶液隔开时，将会发生的现象是

A. 蔗糖分子从蔗糖溶液向 NaCl 溶液渗透

B. NaCl 从 NaCl 溶液向蔗糖溶液渗透

C. 水分子从 NaCl 溶液向蔗糖溶液渗透

D. 水分子从蔗糖溶液向 NaCl 溶液渗透

（24）下列对沉淀溶解平衡的描述正确的是

A. 反应开始时，溶液中各离子浓度相等

B. 沉淀溶解达到平衡时，沉淀的速率和溶解的速率相等

C. 沉淀溶解达到平衡时，溶液中溶质的离子浓度相等，且保持不变

D. 沉淀溶解达到平衡时，如果再加入难溶的该沉淀物，将促进溶解

（25）0.1 mol · L^{-1} NaAc 溶液的酸碱度的计算公式为

A. $[OH^-]=\sqrt{c_{NaAc}\cdot K_{HAc}}$　　B. $[H^+]=\sqrt{c_{NaAc}\cdot K_{HAc}}$

C. $[H^+]=\sqrt{c_{NaAc}\cdot\frac{K_w}{K_{HAc}}}$　　D. $[OH^-]=\sqrt{c_{NaAc}\cdot\frac{K_w}{K_{HAc}}}$

（26）体液中下列物质产生的渗透压不属于晶体渗透压的是

A. NaCl　　B. $NaHCO_3$　　C. 尿素　　D. 蛋白质

（27）关于溶度积规则，下列说法正确的是

A. $K_{sp}=IP$，溶液处于平衡状态　　B. $K_{sp}>IP$，溶液为过饱和溶液

C. $K_{sp}<IP$，溶液为不饱和溶液　　D. K_{sp} 和 IP 均与温度无关

（28）在氯化亚铁溶液中加入下列物质能产生沉淀的是

A. 通入硫化氢气体　　B. 加入氯化钠溶液

C. 加入硫化钠溶液　　D. 通入二氧化碳气体

（29）下列分子中，键角最大的是

A. H_2S　　B. BCl_3　　C. $HgCl_2$　　D. CCl_4

（30）下列分子间，存在氢键作用力的一组分子是

A. HCl 和 H_2S　　B. H_2O 和 CH_3CH_2OH

C. CO 和 O_2　　D. CH_4 和 CO_2

（31）下列说法中，正确的是

A. 主量子数为 1 时，有自旋相反的两个轨道

B. 主量子数为 3 时，3s、3p、3d 共三个轨道

C. 电子云图中的小黑点代表电子

D. 电子云图用以表示电子在核外空间出现概率密度的大小分布情况

（32）假定某一电子有下列成套量子数（n，l，m，m_s），其中不可能存在的是

A. 4，2，1，−1/2　　B. 3，2，−1，1/2

C. 2，−1，0，1/2　　D. 3，0，0，−1/2

（33）某元素基态原子的第三电子层上有 9 个电子，则该原子的价层电子组态为

A. $3d^14s^2$　　B. $4s^2$　　C. $3s^23p^63d^1$　　D. $3s^23p^63d^14s^2$

（34）下列物质中，存在取向力、诱导力、色散力和分子间氢键的是

A. H_2O 和 NH_3　　B. 邻硝基苯酚和四氯化碳

C. BCl_3 和 CCl_4　　D. CH_3CH_2OH 和 Br_2

（35）$|\varphi|^2$ 表示

A. 电子在核外空间某处的概率密度　　B. 薛定谔方程的解

C. 波函数的物理意义　　D. 电子在核外运动的轨道

（36）0.10 $mol\cdot kg^{-1}$ 的 K_2SO_4 溶液的离子强度是

A. 0.10 $mol\cdot kg^{-1}$　　B. 0.20 $mol\cdot kg^{-1}$

C. 0.30 $mol\cdot kg^{-1}$　　D. 0.40 $mol\cdot kg^{-1}$

（37）下列各键中，不具有饱和性和方向性特征的是

A. 配位键　　B. 共价键　　C. 离子键　　D. 氢键

（38）下列理论或概念与美国化学家 Pauling 无关的是

A. 原子轨道能级图　　B. 测不准原理
C. 电负性　　D. 杂化轨道理论

（39）下列基态原子中电子排布正确的是
A. $3d^4 4s^2$　　B. $3s^3 3p^5$　　C. $2p^3$　　D. $3d^5$

（40）下列原子轨道中，属于等价轨道的一组是
A. $2p_x$，$2p_y$　　B. $3p_x$，$2p_x$　　C. $3d_{xy}$，$4d_{xy}$　　D. 2s，3s

（41）下列分子中，属于极性分子的是
A. N_2　　B. CO_2　　C. BBr_3　　D. $CHBr_3$

（42）下列关于 PH_3 分子的杂化方式和空间构型的叙述中，正确的是
A. 平面三角形，sp^2 杂化　　B. V 形，sp^2 杂化
C. 三角锥形，sp^3 不等性杂化　　D. 直线形，sp 杂化

（43）某基态原子的最外层电子组态为 $4s^2 4p^4$，则该原子中未成对电子数为
A. 1　　B. 2　　C. 3　　D. 4

（44）下列叙述中，正确的是
A. 在一个基态多电子的原子中，可以有两个运动状态完全相同的电子
B. 在一个基态多电子的原子中，不可能有两个能量完全相同的电子
C. 在一个基态多电子的原子中，M 层上的电子能量肯定比 L 层上的电子能量高
D. 如果某一基态 3p 能级上仅有 2 个电子，它们自旋方向必然相反

（45）下列哪些轨道重叠形成 π 键
A. $s\text{-}p_x$　　B. $p_x\text{-}p_x$　　C. $p_y\text{-}p_y$　　D. 以上重叠都可以

（46）下列关于物质内部范德瓦尔斯力的说法中错误的是
A. 极性分子间没有色散力　　B. 极性分子间没有取向力
C. 氮气分子间只存在色散力　　D. 极性越强的分子之间取向力越大

（47）决定原子轨道的形状，并在多电子原子中与主量子数 n 共同决定轨道能级的量子数为
A. l　　B. m　　C. m_s　　D. l 和 m

（48）原子序数为 47 的元素，其原子核外电子排布为［Kr］$4d^{10}5s^1$，最外层电子对应的主量子数 n，角量子数 l 分别为
A. 4，2　　B. 4，1　　C. 5，0　　D. 5，2

（49）根据元素在元素周期表中的位置，指出下列同浓度溶液中，酸性最强的是
A. H_2SO_4　　B. $HClO_4$　　C. H_3PO_4　　D. $HBrO_4$

（50）下列用一套量子数表示的电子运动状态中，能量最高的是
A. 4，1，−1，−12　　B. 4，2，0，−12
C. 4，0，0，+12　　D. 3，1，1，+12

（51）取用试剂时，下列说法错误的是
A. 不能用手接触试剂，以免危害健康和沾污试剂
B. 瓶塞应倒置桌面上，以免弄脏，取用试剂后，立即盖严，将试剂瓶放回原处，

标签朝外

C. 要用干净的药匙取固体试剂，用过的药匙要洗净擦干才能再用

D. 多取的试剂可倒回原瓶，避免浪费

（52）发生化学灼伤，首先应该做的是

A. 送往医院　B. 用清洁的水进行冲洗

C. 做人工呼吸　D. 包扎

（53）医疗上用作X射线透视肠胃的内服药剂俗称“钡餐”，其化学名称是

A. $BaSO_4$　B. $CaSO_4$　C. Na_2SO_4　D. $BaCl_2$

（54）向 Ag_2CrO_4 沉淀中加入一定量的 NaCl 溶液，沉淀的颜色变化是

A. 白色→棕红色　B. 黄色→白色

C. 棕红色→白色　D. 白色→黄色

（55）移液管吸取试液后，调节液面到刻度的正确方法是

A. 容器垂直，移液管略倾斜，管口于液面下方，调节到刻度

B. 容器垂直，移液管略倾斜，管口与器皿壁紧贴，调节到刻度

C. 将容器略倾斜，垂直移液管，管口于液面下方，调节到刻度

D. 将移液管垂直，悬空于器皿液面上方，调节到刻度

2. 判断题

（1）新分离的人体红细胞放入渗透浓度为 300 $mmol \cdot L^{-1}$ 的 Na_2SO_4 溶液中，红细胞形态能维持正常。（　）

（2）酸碱质子理论认为，凡是能提供质子的任何分子或离子都是碱。（　）

（3）这种在弱电解质溶液中加入与该弱电解质有共同离子的强电解质，使弱电解质解离度增大的现象，称为同离子效应。（　）

（4）原子形成的共价键数目可以超过该基态原子的单电子数。（　）

（5）一般来说，π 键只能与 σ 键同时存在，在双键或三键中，只能有 1 个 σ 键。（　）

（6）s 电子之间形成的共价键为 σ 键，p 电子之间形成的化学键为 π 键。（　）

（7）微观粒子都具有波粒二象性。（　）

（8）主量子数为 1 时，有两个自旋方向相反的轨道。（　）

（9）共价键尽可能沿着原子轨道最大重叠方向形成，所以共价键具有方向性。（　）

（10）在一定温度下，改变溶液的 pH，水的离子积不变。（　）

3. 填空题

（1）已知 H_3PO_4（$K_{a1}=6.9\times10^{-3}$，$K_{a2}=6.1\times10^{-8}$，$K_{a3}=4.8\times10^{-13}$），取 0.10 $mol \cdot L^{-1}$ NaH_2PO_4 与 0.10 $mol \cdot L^{-1}$ Na_2HPO_4 等体积混合，则此溶液的 pH 为________。

（2）0.10 $mol \cdot L^{-1}$ HAc 加入同浓度等体积 NaAc 溶液配成的缓冲溶液，其最大缓冲容量是________$mol \cdot L^{-1} \cdot pH^{-1}$。

（3）0.2 $mol \cdot kg^{-1}$ 的 NaCl 溶液与 0.2 $mol \cdot kg^{-1}$ 的 KCl 溶液等体积混合，其混合溶液的离子强度等于________$mol \cdot kg^{-1}$

（4）某难溶强电解质 A_2B 在常温下的 $K_{sp}=4.0\times10^{-12}$，则 A_2B 在该温度下的溶解度为________ $mol\cdot L^{-1}$。

（5）基态原子中 3d 能级半充满的元素是________和________。

（6）某元素的价电子层有 2 个 $n=4$，$l=0$ 的电子和 10 个 $n=3$，$l=2$ 的电子，该元素的电子排布式为________________，它属于________周期________族（指明 A、B 族），________区。

4. 计算题

（1）将 50 ml 0.10 $mol\cdot L^{-1}$ HCl 与 50 ml 0.10 $mol\cdot L^{-1}$ $NH_3\cdot H_2O$ 50.0 ml 混合，求混合后溶液的 pH。

已知 $NH_3\cdot H_2O$ 的 $K_b=1.8\times10^{-5}$

（2）由 184 ml 0.442 $mol\cdot L^{-1}$ HCl 和 0.500 L 0.400 $mol\cdot L^{-1}$ NaAc 混合形成的缓冲溶液，已知 pK_a（HAc）= 4.76，问

1）此缓冲溶液的 pH 为多少？

2）多少 KOH 固体（g）加到 0.500 L 此缓冲溶液可以使 pH 改变 0.15（$\Delta pH=0.15$）？

（3）试通过计算分析，能否通过加碱的方法将浓度为 0.10 $mol\cdot L^{-1}$ 的 Fe^{3+} 和 Mg^{2+} 完全分离。已知：$K_{sp}[Fe(OH)_3]=4.0\times10^{-38}$，$K_{sp}[Mg(OH)_2]=1.2\times10^{-11}$。

思考题参考答案

实验一　凝固点降低法测定葡萄糖的摩尔质量思考题参考答案

1. 判断题

（1）×　（2）√　（3）×　（4）√　（5）×　（6）×　（7）√　（8）×
（9）×　（10）×　（11）×　（12）×　（13）√　（14）√　（15）×
（16）×　（17）√

2. 选择题

（1）D　（2）B　（3）B　（4）D　（5）C　（6）A　（7）A　（8）C　（9）C
（10）C　（11）C　（12）C　（13）A　（14）B　（15）B　（16）A

3. 简答题

（1）答：难挥发性非电解质稀溶液的蒸气压降低、沸点升高、凝固点降低和渗透压力都与溶质的微粒数成正比，而与溶质的本性无关，这些性质称为稀溶液的依数性。

（2）答：所谓等渗溶液，是指与血浆渗透压相等的溶液。输液时，若$\Pi_{补液}>\Pi_{血浆}$，红细胞内液将透过细胞膜向外渗透，造成红细胞皱缩而产生质壁分离；若$\Pi_{补液}<\Pi_{血浆}$，补液中的水分子将透过细胞膜向红细胞内渗透，造成红细胞胀破而产生溶血现象；只有当$\Pi_{补液}=\Pi_{血浆}$时，细胞内液才能与补液处于渗透平衡，故临床补液时一般要输等渗溶液。

（3）答：$M(\text{HAc})=60\ \text{g}\cdot\text{mol}^{-1}$

$$c(\text{HAc})=\frac{(1.05\times1000)\text{g}\cdot\text{L}^{-1}\times0.91}{60\ \text{g}\cdot\text{mol}^{-1}}=15.9\ \text{mol}\cdot\text{L}^{-1}$$

$$b(\text{HAc})=\frac{\dfrac{91\ \text{g}}{60\ \text{g}\cdot\text{mol}^{-1}}}{\dfrac{9\ \text{g}}{1000\ \text{g}\cdot\text{kg}^{-1}}}=168.5\ \text{mol}\cdot\text{kg}^{-1}$$

$$x(\text{HAc})=\frac{\dfrac{91\ \text{g}}{60\ \text{g}\cdot\text{mol}^{-1}}}{\dfrac{91\ \text{g}}{60\ \text{g}\cdot\text{mol}^{-1}}+\dfrac{9\ \text{g}}{18\ \text{g}\cdot\text{mol}^{-1}}}=0.752$$

（4）答：

$$c(H_2O_2)=\frac{m(H_2O_2)/M(H_2O_2)}{V}=\frac{30\ g/34\ g\cdot mol^{-1}}{100\ ml}\times\frac{1000\ ml}{1\ L}=8.8\ mol\cdot L^{-1}$$

$$b(H_2O_2)=(30\ g/34\ g\cdot mol^{-1})\div\left[\left(100\ ml\times\frac{1.11\ g}{1\ ml}-30\ g\right)\times\frac{1\ kg}{1000\ g}\right]=11\ mol\cdot kg^{-1}$$

$$x(H_2O_2)=\frac{30\ g/34\ g\cdot mol^{-1}}{30\ g/34\ g\cdot mol^{-1}+(100\ ml\times1.11\ g\cdot ml^{-1}-30\ g)/18\ g\cdot mol^{-1}}=0.16$$

（5）答：$c=\dfrac{\dfrac{0.16\ g}{53.48\ g\cdot mol^{-1}}}{0.02\ L}=0.15\ mol\cdot L^{-1}=150\ mmol\cdot L^{-1}$

$c_{os}=2c=300\ mmol\cdot L^{-1}$，因此红细胞在此溶液中形态正常。

（6）解：根据公式 $M_B=\dfrac{m_B}{\Pi V}RT$ 得

$$M_B=\frac{m_B}{\Pi V}RT=\frac{5.00}{0.306\times1}\times8.314\times298=40\ 483\ g\cdot mol^{-1}$$

该鸡蛋白的平均摩尔质量为 $40\ 483\ g\cdot mol^{-1}$。

实验二　醋酸解离平衡常数的测定思考题参考答案

1. 判断题

（1）×　（2）×　（3）×　（4）√　（5）√　（6）×　（7）√

2. 选择题

（1）D　（2）B　（3）C　（4）A　（5）B　（6）B　（7）C　（8）B　（9）D
（10）C　（11）A　（12）B　（13）D　（14）C　（15）C　（16）D

3. 简答题

（1）答：$NH_3+H_2O \rightleftharpoons NH_4^++OH^-$

已知 $NH_3\cdot H_2O$ 的 pH = 11.26，$[OH^-]=1.8\times10^{-3}\ mol\cdot L^{-1}$

$$[NH_4^+]=[OH^-]=1.8\times10^{-3}\ mol\cdot L^{-1}$$

根据 NH_3 的解离平衡常数关系式

$$K_b=\frac{[NH_4^+][OH^-]}{[NH_3]}$$

$$1.8\times10^{-5}=\frac{(1.8\times10^{-3})^2}{[NH_3]}$$

解方程，得 $[NH_3]=0.18\ mol\cdot L^{-1}$。

（2）答：由于化学平衡常数只随温度而变，所以在氨水中加入这三种物质中的任何一种，对氨的解离平衡常数均无影响。

三种物质对氨的解离度、溶液 pH 的影响分别如下：

A. 加入 NH_4Cl，由于同离子效应，氨的解离度降低，溶液中 OH^- 离子浓度减小，故溶液的 pH 降低。

B. 加入 NaCl，由于盐效应，氨的解离度增大，溶液中 OH^- 离子浓度增大，故溶液的 pH 升高。

C. 加入 NaOH，由于同离子效应，氨的解离度降低，但强碱的加入使溶液中 OH^- 离子浓度增大，故溶液的 pH 升高。

（3）答：根据稀释定律

$$K_a = c\alpha^2 = 0.10 \times 0.0132^2 = 1.74 \times 10^{-5}$$

$$[H_3O^+] = c\alpha = 0.10 \times 0.0132 = 1.32 \times 10^{-3}\ \text{mol} \cdot \text{L}^{-1}$$

（4）答：$HB + H_2O \rightleftharpoons H_3O^+ + B^-$

已知 pH=3.90，则

$$[H_3O^+] = 1.26 \times 10^{-4}\ \text{mol} \cdot \text{L}^{-1}$$

$$\therefore K_a = \frac{[H_3O^+]^2}{c} = \frac{(1.26 \times 10^{-4})^2}{0.10} = 1.6 \times 10^{-7}$$

（5）答：$H_2CO_3 + NaOH = NaHCO_3 + H_2O$

H_2CO_3 与 NaOH 等浓度等体积混合，所得溶液为 0.10 mol · L^{-1} $NaHCO_3$ 溶液，属于两性物质

$$HCO_3^-：K_a = K_{a2} = 4.7 \times 10^{-11}，\ pK_a = 10.33$$

$$K'_a = K_{a1} = 4.5 \times 10^{-7}，\ pK'_a = 6.35$$

$$\because c_a \cdot K_a > 20\ K_w，\ c_a > 20\ K'_a$$

$$\therefore pH = \frac{1}{2}(pK_a + pK'_a) = \frac{1}{2}(6.35 + 10.33) = 8.34$$

（6）答：Na_2CO_3 为强电解质，在溶液中完全解离，CO_3^{2-} 为二元离子弱碱

$$H_2CO_3：K_{a1} = 4.5 \times 10^{-7}，\ K_{a2} = 4.7 \times 10^{-11}$$

$$CO_3^{2-}：K_{b1} = \frac{1.0 \times 10^{-14}}{4.7 \times 10^{-11}} = 2.13 \times 10^{-4}，\ K_{b2} = \frac{1.0 \times 10^{-14}}{4.5 \times 10^{-7}} = 2.22 \times 10^{-8}$$

$$K_{b1} \cdot c_b > 20K_w，\ \frac{c_b}{K_{b1}} > 500$$

$$[OH^-] = \sqrt{K_{b1} \cdot c_b} = \sqrt{2.13 \times 10^{-4} \times 0.10} = 4.62 \times 10^{-3}\ \text{mol} \cdot \text{L}^{-1}$$

$$pH = 14.00 + \lg(4.62 \times 10^{-3}) = 11.66$$

CO_3^{2-} 作为二元弱碱，相对第一步来说，第二步解离很弱，所以

$$[HCO_3^-] = [OH^-] = 4.62 \times 10^{-3} mol \cdot L^{-1}$$

H_2CO_3 是二元碱 CO_3^{2-} 第二级解离生成的共轭酸，所以

$$[H_2CO_3] = K_{b2}(CO_3^{2-}) = 2.22 \times 10^{-8} mol \cdot L^{-1}$$

实验三　葡萄糖酸锌的制备思考题参考答案

（1）答：葡萄糖酸锌溶于水，不溶于乙醇，加入 95% 的乙醇，降低它的溶解度，使其沉淀出来。

（2）答：葡萄糖酸钙与硫酸锌反应时间过短，反应不完全；过滤时未洗涤干净残留在烧杯里的葡萄糖酸锌；浓缩时温度过高，导致部分葡萄糖酸锌损失。

实验四　溶度积原理与同离子效应思考题参考答案

1. 判断题

（1）×　（2）×　（3）×　（4）×　（5）×　（6）×　（7）√　（8）×
（9）×　（10）√　（11）×　（12）×

2. 选择题

（1）B　（2）A　（3）D　（4）C　（5）B　（6）B　（7）B　（8）D　（9）A
（10）A　（11）B　（12）A　（13）C　（14）D

3. 简答题

（1）答：转化过程涉及两个平衡：

$$AgCl \rightleftharpoons Ag^+ + Cl^-,\quad AgBr \rightleftharpoons Ag^+ + Br^-$$

两式相减即得 AgCl 转化为 AgBr 的反应式

$$AgCl + Br^- \rightleftharpoons AgBr + Cl^-$$

该反应的平衡常数$K = \dfrac{[Cl^-]}{[Br^-]}$

在上式的分子分母同时乘以 $[Ag^+]$，则

$$K = \frac{[Cl^-]}{[Br^-]} = \frac{[Ag^+][Cl^-]}{[Ag^+][Br^-]} = \frac{K_{sp}(AgCl)}{K_{sp}(AgBr)} = \frac{1.77\times10^{-10}}{5.35\times10^{-13}} = 3.31\times10^{2}$$

$$[Br^-] = \frac{1}{K}[Cl^-] = \frac{1}{3.31\times10^{2}}[Cl^-] = 3.02\times10^{-3}[Cl^-]$$

即 $[Br^-]$ 需大于 $[Cl^-]$ 的 3.02×10^{-3} 倍。

（2）答：已知 $[Zn^{2+}]=[Pb^{2+}]=0.2\ mol\cdot L^{-1}$，

要使 PbS 沉淀，则 $[S^{2-}]\geqslant K_{sp}/[Pb^{2+}]$ $\therefore [S^{2-}]\geqslant 2.0\times10^{-25}\ mol\cdot L^{-1}$

要使 ZnS 不沉淀，则 $[S^{2-}]\leqslant K_{sp}/[Zn^{2+}]$ $\therefore [S^{2-}]\leqslant 5.0\times10^{-20}\ mol\cdot L^{-1}$

以 $[S^{2-}]=5.0\times10^{-20}\ mol\cdot L^{-1}$ 代入 $K_{a1}\cdot K_{a2}=\dfrac{[H^+]^2[S^{2-}]}{[H_2S]}$ 中

$$[H^+]\geqslant\sqrt{\frac{8.9\times10^{-8}\times1.2\times10^{-13}\times0.1}{5.0\times10^{-20}}}=0.146\ mol\cdot L^{-1}$$

故 pH≤1.33 时，Zn^{2+} 不会形成 ZnS ↓。

以 $[S^{2-}]=2.0\times10^{-25}$ 代入 $K_{a1}\cdot K_{a2}=\dfrac{[H^+]^2[S^{2-}]}{[H_2S]}$中，$[H^+]\leqslant\sqrt{\dfrac{1.068\times10^{-22}}{2.0\times10^{-25}}}=23.11\ mol\cdot L^{-1}$

所以，只要将上述溶液的 pH 调到≤1.33，就只能生成 PbS 沉淀而无 ZnS 沉淀。

（3）答：在 $BaSO_4$ 水溶液中

$$BaSO_4(s)\rightleftharpoons Ba^{2+}+SO_4^{2-}$$

溶解的 $BaSO_4$ 在溶液中完全解离

$$[Ba^{2+}]=[SO_4^{2-}]=S=1.04\times10^{-5}\ mol\cdot L^{-1}$$

$\therefore K_{sp}(BaSO_4)=[Ba^{2+}][SO_4^{2-}]=1.04\times10^{-5}\times1.04\times10^{-5}=1.08\times10^{-10}$

在 $Zn(OH)_2$ 水溶液中

$$Zn(OH)_2(s)\rightleftharpoons Zn^{2+}+2OH^-$$

溶解的 $Zn(OH)_2$ 在溶液中完全解离

$[Zn^{2+}]=S=1.96\times10^{-6}\ mol\cdot L^{-1}$

$[OH^-]=2S=2\times1.96\times10^{-6}\ mol\cdot L^{-1}$

$\therefore K_{sp}[Zn(OH)_2]=[Zn^{2+}][OH^-]^2=(1.96\times10^{-6})\times(2\times1.96\times10^{-6})^2=3.0\times10^{-17}$

（4）解：设 $Fe(OH)_3$ 在水中的溶解度为 S，在 $Fe(OH)_3$ 水溶液中

$$Fe(OH)_3(s)\rightleftharpoons Fe^{3+}+3OH^-$$

溶解的 $Fe(OH)_3$ 可认为完全解离，在饱和溶液中 $[Fe^{3+}]=S$，$[OH^-]=3S$

$K_{sp}[Fe(OH)_3]=[Fe^{3+}][OH^-]^3=S\times(3S)^3=27S^4=2.79\times10^{-39}$

$$\therefore S=\sqrt[4]{\frac{2.79\times10^{-39}}{27}}=1.0\times10^{-10}\ mol\cdot L^{-1}$$

（5）答：查表 $K_{sp}[Mn(OH)_2]=2.06\times10^{-13}$，$K_b(NH_3)=1.8\times10^{-5}$

在混合溶液中

$$c(Mn^{2+})=0.002\times10/20=0.001\ mol\cdot L^{-1}$$

$$c(NH_3)=0.1\times10/20=0.05\ mol\cdot L^{-1}$$

$$\because K_b\cdot c_b>20K_w,\ \frac{c_b}{K_b}>500$$

则混合溶液中由 NH_3 解离产生的 OH^-

$$[OH^-]=\sqrt{K_b\cdot c}=\sqrt{1.8\times10^{-5}\times0.05}=9.5\times10^{-4}\ mol\cdot L^{-1}$$

$IP = c(Mn^{2+}) \cdot c^2(OH^-) = 0.001 \times (9.5 \times 10^{-4})^2 = 9.0 \times 10^{-10}$

$\because IP > K_{sp}[Mn(OH)_2]$

$\therefore$ 混合溶液中有 $Mn(OH)_2$ 沉淀生成。

实验五　邻二氮菲分光光度法测定铁含量思考题参考答案

（1）答：绘制吸收曲线是为了确定测定铁含量时的最适宜波长；绘制标准曲线是用有限的标准样品的响应来推算一定范围内的响应值对应的浓度，减小单个样品可能出现的误差。

（2）答：显色前加入盐酸羟胺，将样品中所有的 Fe^{3+} 还原为 Fe^{2+}；加入 HAc-NaAc 缓冲溶液，使 pH 在 2 ~ 9 之间，这样邻二氮菲才能与 Fe^{2+} 生成稳定的橘红色络合物。

（3）答：酸度对邻二氮菲的显色的影响，若 pH 过低或者过高，会减小摩尔吸光系数。

实验六　缓冲溶液的配制与性质、溶液 pH 测定思考题参考答案

1. 判断题

（1）√　（2）×　（3）×　（4）×　（5）√　（6）×　（7）√　（8）×
（9）×　（10）×　（11）√　（12）×　（13）√　（14）√

2. 选择题

（1）B　（2）C　（3）D　（4）C　（5）D　（6）C　（7）D　（8）B　（9）A
（10）A　（11）C　（12）B　（13）B　（14）A　（15）D　（16）B　（17）A
（18）D　（19）A　（20）A　（21）C　（22）A　（23）C　（24）C　（25）A
（26）B　（27）D　（28）B　（29）B　（30）C　（31）B　（32）A　（33）B
（34）C　（35）B

3. 简答题

（1）答：可用来配制缓冲溶液的是：① $HCl + NH_3 \cdot H_2O$、② HCl + Tris、④ $Na_2HPO_4 + Na_3PO_4$ 和⑤ $H_3PO_4 + NaOH$。

（2）答：

溶液组成	缓冲系	抗酸成分	抗碱成分	有效缓冲范围	$\beta_{最大}$时体积比
$Na_2HCit+HCl$	H_2Cit^--$HCit^{2-}$	$HCit^{2-}$	H_2Cit^-	3.76 ~ 5.76	2 : 1
$Na_2HCit+HCl$	H_3Cit-H_2Cit^-	H_2Cit^-	H_3Cit	2.13 ~ 4.13	2 : 3
$Na_2HCit+NaOH$	$HCit^{2-}$-Cit^{3-}	Cit^{3-}	$HCit^{2-}$	5.40 ~ 7.40	2 : 1

4. 计算题

（1）答：C_5H_5N 与 HCl 反应生成 $C_5H_5NH^+Cl^-$（吡啶盐酸盐），混合溶液为 0.10 mol · L^{-1} C_5H_5N 和 0.050 mol · L^{-1} $C_5H_5NH^+Cl^-$ 缓冲溶液，$pK_a = 14.00 - 8.77 = 5.23$

$$pH = pK_a + \lg\frac{c(C_5H_5N)}{c(C_5H_5NH^+)} = 5.23 + \lg\frac{0.10}{0.05} = 5.33$$

（2）答：

$$n(HCO_3^-) = \frac{10.0\ g}{84.0\ g \cdot mol^{-1}} = 0.119\ mol$$

$$n(CO_3^{2-}) = \frac{10.0\ g}{106\ g \cdot mol^{-1}} = 0.094\ mol$$

$$pH = pK_a + \lg\frac{n(CO_3^{2-})}{n(HCO_3^-)} = 10.33 + \lg\frac{0.094\ mol}{0.119\ mol} = 10.23$$

（3）答：$\lg\frac{c(HCO_3^-)}{c(H_2CO_3)} = pH - pK_a = 7.4 - 6.1 = 1.3$

$\therefore \frac{c(HCO_3^-)}{c(H_2CO_3)} = 20$

$c(H_2CO_3) = 28/20 = 1.4\ mmol \cdot L^{-1}$

（4）答：设原弱酸盐的浓度为 x mol · L^{-1}，则加碱后

$$c_{酸} = \frac{100\times0.25-5.0}{100} mol \cdot L^{-1} \qquad c_{盐} = \frac{100x+5.0}{100} mol \cdot L^{-1}$$

代入亨 - 哈方程式：

$$5.60 = -\lg 5.0\times10^{-5} + \lg\frac{100x+5.0}{100\times0.25-5.0}$$

$\therefore x = 0.35\ mol \cdot L^{-1}$

原来缓冲溶液的 pH 为：

$$pH = -\lg 5.0\times10^{-6} + \lg\frac{0.35}{0.25} = 4.45$$

（5）答：设需加入 NaOH 溶液 x ml，则：

$$c_{丙酸} = \frac{100\times1.0-1.0x}{1000} \qquad c_{丙酸钠} = \frac{1.0x}{1000}$$

$\because pH = pK_a + \lg\frac{c_{丙酸钠}}{c_{丙酸}}$

$\therefore 5.0 = 4.87 + \lg\frac{1.0x}{100-x}$

$x = 57.5$ ml

用量筒量取 100 ml 1.0 mol · L^{-1} 的丙酸溶液和 57.5 ml 1.0 mol · L^{-1} 的 NaOH 溶液，

混合后加水稀释至 1000 ml 混合均匀即可。

（6）答：$9.30=14.00-pK_b+\lg\frac{[NH_3]}{[NH_4^+]}$

$$=14.00-4.74+\lg\frac{(0.10\times V_{NH_3}-0.1\times V_{HCl})/450}{0.10\times V_{HCl}/450} \quad ①$$

$$V_{NH_3}+V_{HCl}=450 \quad ②$$

①、②联立解 V_{NH_3}=300 ml　　V_{HCl}=150 ml

溶液 pH = 9.30，即 pOH = 4.70，$[OH^-]\approx 2.0\times 10^{-5}$ mol · L^{-1}，

当 $[Mg^{2+}]$ = 0.020 mol · L^{-1} 时

$$[Mg^{2+}][OH^-]^2=0.020\times(2.0\times 10^{-5})^2=8\times 10^{-12}<K_{sp}[Mg(OH)_2]$$

故不能产生 $Mg(OH)_2$ 沉淀。

（7）答：① $[H^+]=(1.0\times 10^{-3}+1.0\times 10^{-5})/2=5.0\times 10^{-4}$ mol · L^{-1}

$pH=-\lg[H^+]=3.30$

② $[OH^-]=(1.0\times 10^{-4}-1.0\times 10^{-5})/2=4.5\times 10^{-5}$ mol · L^{-1}

$pH=14+\lg[OH^-]=9.65$

（8）答：

① $K=\frac{[H_2CO_3][Lac^-]}{[HLac][HCO_3^-]}\cdot\frac{[H^+]}{[H^+]}=\frac{K_a(HLac)}{K_{a1}(H_2CO_3)}=\frac{8.4\times 10^{-4}}{4.3\times 10^{-7}}=2.0\times 10^3$

② $pH=pK_{a1}+\lg\frac{[HCO_3^-]}{[H_2CO_3]}=6.37+\lg\frac{2.7\times 10^{-2}}{1.4\times 10^{-3}}=6.37+1.28=7.65$

③ $pH=pK_{a1}+\lg\frac{[HCO_3^-]}{[H_2CO_3]}=6.37+\lg\frac{(2.7-0.5)\times 10^{-2}}{(1.4+5.0)\times 10^{-3}}=6.37+0.54=6.91$

（9）答：

① $pH=pK_a+\lg\frac{[丙酸钠]}{[丙酸]}=4.87+\lg\frac{0.0150}{0.0200}=4.87-0.12=4.75$

② $pH=4.87+\lg\frac{0.0150+0.0010}{0.0200-0.0010}=4.87-0.07=4.80$

③稀释后该溶液中丙酸浓度为 2.0×10^{-4} mol · L^{-1}，丙酸钠浓度为 1.5×10^{-4} mol · L^{-1}，设该缓冲溶液中由于丙酸解离产生的 H_3O^+ 浓度为 x mol · L^{-1}，则

$$CH_3CH_2COOH+H_2O \rightleftharpoons CH_3CH_2COO^-+H_3O^+$$

平衡浓度（mol · L^{-1}）　$2.0\times 10^{-4}-x$　　　$1.5\times 10^{-4}+x$　　x

$$K=\frac{[CH_3CH_2COO^-][H_3O^+]}{[CH_3CH_2COOH]}=\frac{(1.5\times 10^{-4}+x)\cdot x}{2.0\times 10^{-4}-x}=1.34\times 10^{-5}$$

$$x=1.50\times 10^{-5} \qquad pH=4.82$$

（10）答：据题意，缓冲溶液是通过向一定浓度的 NaH_2PO_4 溶液中加入固体 NaOH

配制而成，且其 pH 为 7.21，恰好等于 $H_2PO_4^-$ 的 pK_a，因此该缓冲溶液的缓冲对为 $H_2PO_4^-$ 和 HPO_4^{2-}。又因为缓冲溶液的 pH = pK_a，因此缓冲比为 1∶1，也就表明缓冲溶液中 $[H_2PO_4^-]=[HPO_4^{2-}]$。即 $[NaH_2PO_4]=[Na_2HPO_4]$。NaH_2PO_4 和 Na_2HPO_4 都是强电解质，在水溶液中会发生如下的解离反应：

$$NaH_2PO_4 = Na^+ + H_2PO_4^-$$
$$Na_2HPO_4 = 2Na^+ + HPO_4^{2-}$$

现假设溶液中 $[NaH_2PO_4]=[Na_2HPO_4]=x\ mol \cdot L^{-1}$，那么解离后各离子的浓度分别为

$$\underset{x}{Na_2HPO_4} = \underset{2x}{2Na^+} + \underset{x}{HPO_4^{2-}}$$

$$\underset{x}{NaH_2PO_4} = \underset{x}{Na^+} + \underset{x}{H_2PO_4^-}$$

溶液的渗透浓度 $c_{os}=300\ mmol \cdot L^{-1}=0.30\ mol \cdot L^{-1}$，这说明溶液中各离子平衡浓度的总和应该等于其渗透浓度，即

$$[Na^+]+[H_2PO_4^-]+[HPO_4^{2-}]=0.30\ mol \cdot L^{-1}$$

$$3x+x+x=0.30\ mol \cdot L^{-1}$$

所以　$x=0.060\ mol \cdot L^{-1}$

即　$[NaH_2PO_4]=[Na_2HPO_4]=0.060\ mol \cdot L^{-1}$

根据题意可知，溶液中的 Na_2HPO_4 是由 NaH_2PO_4 与 NaOH 反应所得，且

$$NaH_2PO_4 + NaOH = Na_2HPO_4 + H_2O$$

因此，溶液中 NaH_2PO_4 溶液的初始浓度约为：$0.060+0.060=0.12\ mol \cdot L^{-1}$。

实验七　硫代硫酸钠的制备思考题参考答案

（1）答：根据制备反应原理，实验中硫黄反应物应过量。反应物不可以换成另外一种过量，如果 Na_2SO_3 过量，会使粗产品 $Na_2S_2O_3$ 中含有杂质 Na_2SO_3，不易除去。

（2）答：不可以蒸干。首先溶液是沸腾的，最后快蒸发完的时候溶液很浓稠，沸腾太厉害会到处飞溅，不安全，其次会损失有效成分，因为硫代硫酸钠受热时易分解。

实验八　碳酸钙中钙含量的测定思考题参考答案

1. 判断题

（1）×　（2）√　（3）√　（4）×　（5）√　（6）×　（7）√　（8）×
（9）×　（10）×　（11）√　（12）√

2. 选择题

(1) C (2) C (3) D (4) D (5) A (6) C (7) B (8) C (9) A
(10) D (11) C (12) A (13) A (14) C (15) D (16) A (17) C
(18) B (19) C (20) A (21) D (22) C

3. 填空题

(1) [Kr] $4d^{10}5s^2$；五；ⅡB

(2) 3p；3；3；3，1，0，$\frac{1}{2}$（或 $-\frac{1}{2}$）；3，1，1，$\frac{1}{2}$（或 $-\frac{1}{2}$）；3，1，-1，$\frac{1}{2}$（或 $-\frac{1}{2}$）；15；P

(3) n；l；m

(4) ①>⑤>②=③>④

(5) $1s^22s^22p^63s^23p^63d^64s^2$；$3d^64s^2$；$3s^23p^63d^5$

(6) ①53；1；$5s^25p^5$；②5；5

(7) P；ⅦA；五

(8) [Ar] $3d^{10}4s^1$；四；ⅠB

(9) 波函数；原子轨道；电子出现的概率密度；电子云

4. 简答题

(1) 答：为了使草酸钙沉淀完全，又不会形成 $Ca(OH)_2$ 或 $(CaOH)_2C_2O_4$ 沉淀，并获得组成一定颗粒粗大且纯净，便于过滤洗涤的晶形草酸钙沉淀。需要控制溶液 pH=3.5～4.5，所以用甲基橙来指示酸度，此时甲基橙是橙色范围。

(2) 答：沉淀完全后，让初生成的沉淀与母液一起放置一段时间，这个过程称为“陈化”。陈化是为了 CaC_2O_4 沉淀晶体长大，也使 CaC_2O_4 沉淀更加纯净。

(3) 答：利用同离子效应，减少沉淀的溶解损失，所以先用稀 $(NH_4)_2C_2O_4$ ($1\ g \cdot L^{-1}$) 洗，又因本实验是通过测定 $C_2O_4^{2-}$ 的量来计算 Ca^{2+} 的含量，必须保证 Ca^{2+} 与 $C_2O_4^{2-}$ 间 1∶1 的计量关系，因此还要用纯水洗至无 $C_2O_4^{2-}$ 和 Cl^-。如果滤液变澄清了，说明没有 $C_2O_4^{2-}$，然后在洗涤液中加入 1～2 滴硝酸银溶液，如果没有白色浑浊，就说明 Cl^- 已洗净。

(4) 答：滤纸上带有 $C_2O_4^{2-}$，会和 $KMnO_4$ 标准溶液反应，多消耗一些 $KMnO_4$ 标准溶液，使滴定不准确。

实验九　硫酸亚铁铵的制备思考题参考答案

(1) 答：因为硫酸亚铁和硫酸亚铁铵水解都显酸性，保持溶液的酸性，可以抑制盐类的水解，以防溶液水解变质。

（2）答：硫酸亚铁铵在常温下在水中的溶解度较小，在 60 ~ 70℃溶解度较大。水浴加热有助于保持水温控制在 60 ~ 70℃。

（3）答：第一，搅拌有可能形成过饱和溶液，影响结晶析出；第二，一般晶体制备过程中不要搅拌，因为搅拌会影响和破坏晶形，达不到预期效果。

实验十　分子模型思考题参考答案

1. 判断题

（1）×　（2）×（3）×　（4）×　（5）×　（6）√　（7）×　（8）×
（9）√　（10）√

2. 选择题

（1）C　（2）C　（3）D　（4）A　（5）C　（6）B　（7）D　（8）D　（9）C
（10）C　（11）B　（12）B　（13）A　（14）D　（15）D　（16）B　（17）B
（18）C

3. 简答题

（1）答：①水能形成分子间氢键而 H_2S 不能形成氢键。

②一个水分子含有两个 O—H 键，能与两个分子形成氢键，而 HF 却只能与一个分子形成氢键。

③乙醇存在分子间氢键，而二甲醚不存在氢键。

④ CCl_4 是非极性溶剂，邻羟基苯甲酸存在分子内氢键从而减小了它的极性，而对羟基苯甲酸不存在分子内氢键只存在分子间氢键，故其极性强于邻羟基苯甲酸，因相似相容，所以邻羟基苯甲酸在 CCl_4 中的溶解度比对羟基苯甲酸大。

（2）答：①只存在色散力，因为均为非极性分子。

②存在取向力、诱导力、色散力和氢键，因均为极性分子，且还有 O—H 键。

③存在诱导力和色散力，因苯为非极性分子，乙醇为极性分子。

④存在取向力、诱导力、色散力和氢键，因为是极性分子，还存在 N—H 键。

（3）答：杂化轨道理论的基本要点：①成键过程中，由于原子间相互影响，同一原子中能量相近的不同类型的若干原子轨道重新组合成一组新轨道，其能量、成分和空间伸展方向等都发生了改变，这一过程称为杂化，形成的新轨道称为杂化轨道，杂化后轨道数目不变；②杂化轨道的角度分布较杂化前更集中于一个方向，有利于和其他原子轨道重叠，增大了轨道的重叠程度，因而成键能力增强。

③不同的杂化类型具有不同的杂化轨道构型。

$HgCl_2$：sp 杂化，直线型

CS_2：sp 杂化，直线型

PF_3：不等性 sp^3 杂化，三角锥形

$SiCl_4$：等性 sp^3 杂化，四面体

H_2S：不等性 sp^3 杂化，V 形

（4）答：存在氢键的有：NH_3、邻羟基苯甲醛、间羟基苯甲醛、对羟基苯甲醛；其中邻羟基苯甲醛是分子内氢键，其他的都为分子间氢键。

实验十一　p 区元素的性质 | 思考题参考答案

1. 判断题

（1）×　（2）×　（3）√　（4）×　（5）√

2. 选择题

（1）C　（2）C　（3）D　（4）A　（5）B　（6）A　（7）B　（8）C　（9）A　（10）D

3. 填空题

（1）$Ca(ClO)_2$；$Na_2S_2O_4$（连二亚硫酸钠）

（2）棕；紫红色

（3）硫代硫酸钠（$Na_2S_2O_3$）；$CN^- + S_2O_3^{2-} = SCN^- + SO_3^{2-}$

（4）配合性；$2S_2O_3^{2-} + AgBr = [Ag(S_2O_3)_2]^{3-} + Br^-$

（5）IO_3^-，I^-

4. 简答题

（1）答：卤素含氧酸根离子中，卤素呈电正性，而氟的电负性最大，难以呈电正性；此外，氟原子的最外层没有 d 轨道，难以形成 d-p π 反馈键。

（2）答：第一个反应：$Br_2 + 2I^- = 2Br^- + I_2$ 中，Br_2 是较强的氧化剂，I^- 是较强的还原剂；第二个反应：$I_2 + KBrO_3 = 2KIO_3 + Br_2$ 中，I_2 是较强的还原剂，BrO_3^- 是较强的氧化剂。通常说的"溴比碘活泼"是指其单质作为氧化剂的能力 Br_2 比 I_2 强，两者不矛盾。

（3）答：查数据，298 K，电对 O_2/H_2O、I_2/I^- 和 Cl_2/Cl^- 的标准电极电势 φ^θ 分别为 1.22 V、0.53 V 和 1.36 V，因此空气中的 O_2 可使 I^- 氧化为 I_2，而不能使 Cl^- 氧化成 Cl_2，所以，KCl 在空气中较稳定。

（4）答：查数据，298 K，电对 Fe^{3+}/Fe^{2+} 的电极电势 φ^θ 为 0.771 V，电对 H^+，S/H_2S 的电极电势 φ^θ 为 0.142 V，显然，Fe^{3+} 是较强的氧化剂，H_2S 是较强的还原剂，在 Fe^{3+} 中通入 H_2S 将发生氧化还原反应：$2Fe^{3+} + H_2S = 2Fe^{2+} + S\downarrow + 2H^+$。因而，得不到 Fe_2S_3 沉淀。

（5）答：取少量样品，用盐酸酸化后，如产生气体，且气体能使湿润的醋酸铅试纸变黑，则样品中含有 S^{2-}，如气体能使 $Ba(OH)_2$ 溶液变浑浊，则样品中含有 CO_3^{2-}。另取少量样品，用硝酸酸化后，分成两份；第一份中加入 $AgNO_3$ 溶液，如果出现白色

浑浊，则样品中含有 Cl^-；另一份中加入 $BaCl_2$ 溶液，若出现白色浑浊，则样品中含有 SO_4^{2-}。另取少量样品，加入 $FeSO_4$ 晶体数粒，再缓缓滴加浓硫酸，若出现棕色环，则样品中含有 NO_3^-。

实验十二　p 区元素的性质 Ⅱ 思考题参考答案

1. 判断题

（1）×　（2）√　（3）√　（4）×　（5）×

2. 选择题

（1）A　（2）D　（3）D　（4）C　（5）C　（6）D　（7）A　（8）B　（9）C　（10）A

3. 填空题

（1）同素异形体；共价键；原子晶体

（2）CO_3^{2-}；HCO_3^-；OH^-；金属的氢氧化物溶解度大，碳酸盐的溶解度小；金属的氢氧化物溶解度小，碳酸盐溶解度大；金属的氢氧化物和碳酸盐的溶解度均小，并且两者差不多同时达到相应的溶度积

（3）AsH_3；不稳定性；亮黑色砷镜；$2AsH_3=2As\downarrow+3H_2\uparrow$

（4）红色；铅丹

（5）+3，+5；MnO_4^-

4. 简答题

（1）$1s^22s^22p^63s^23p^63d^{10}4s^24p^3$；第四周期；ⅤA 族；P 区

（2）大于；小于

（3）三角锥形；不等性 sp^3；极性

实验十三　d 区元素的性质 Ⅰ 思考题参考答案

1. 选择题

（1）A　（2）C　（3）C　（4）D　（5）C　（6）C　（7）B　（8）C　（9）D　（10）D

2. 填空题

（1）最外层的 ns 电子；次外层的（n-1）d 电子；（n-1）d；ns；（n-1）d 轨道填充电子后能级发生改变

（2）ⅠB/ 铜副族；ⅡB/ 锌副族；Ag；Cu；Hg；Zn

（3）铜、锌；铜、锡；铜、镍

（4）白色；CuI；棕色；I_2

（5）Fe；Zn

3. 简答题

（1）答：$2Cu + O_2 + 8NH_3 + 2H_2O = 2[Cu(NH_3)_4]^{2+} + 4OH^-$

（2）答：$2CuCl_2 = 2CuCl + Cl_2$

（3）答：生成 Ag_2S。

（4）答：定影液含 $[Ag(S_2O_3)_2]^{3-}$，Cl^- 不能沉淀其中的 Ag^+。

（5）答：加入氨水试剂：

$CuCl \rightarrow [Cu(NH_3)_2]^+ \rightarrow [Cu(NH_3)_4]^{2+}$　深蓝色溶液

$AgCl \rightarrow [Ag(NH_3)_2]^+$　无色溶液

$Hg_2Cl_2 \rightarrow HgNH_2Cl\downarrow$（白色）$+ Hg\downarrow$（灰黑色）

（6）答：检验：氨水试剂；除去：加 Zn 片。

（7）答：$HgCl_2 + 2NH_3 = NH_2HgCl\downarrow$（白色）$+ NH_4Cl$

$Hg_2Cl_2 + 2NH_3 = NH_2Hg_2Cl\downarrow$（白色）

$NH_2Hg_2Cl = NH_2HgCl\downarrow$（白色）$+ Hg\downarrow$（黑色）

（8）答：第一步，砖红色 Ag_2CrO_4 沉淀析出：$4Ag^+ + Cr_2O_7^{2-} + H_2O = 2Ag_2CrO_4\downarrow + 2H^+$；第二步，$Ag_2CrO_4$ 转化为白色的 AgCl 沉淀：$2Ag_2CrO_4\downarrow + 2Cl^- = 2AgCl\downarrow + CrO_4^{2-}$；第三步，AgCl 与过量的 $Na_2S_2O_3$ 溶液反应，生成 $[Ag(S_2O_3)_2]^{3-}$ 配离子，因而观察到的现象是 AgCl 白色沉淀溶解，形成无色透明溶液。$AgCl + 2S_2O_3^{2-} = [Ag(S_2O_3)_2]^{3-} + Cl^-$

实验十四　d 区元素的性质 Ⅱ 思考题参考答案

1. 选择题

（1）A　（2）B　（3）B　（4）C　（5）C　（6）B　（7）B　（8）D　（9）B

（10）A　（11）B　（12）D　（13）D　（14）D　（15）D

2. 填空题

（1）氧化；Cr^{3+}；CrO_4^{2-}；减弱；还原性；CrO_4^{2-}

（2）Mn^{3+}；MnO_4^{2-}；$2Mn^{3+} + 2H_2O = Mn^{2+} + MnO_2 + 4H^+$；$3MnO_4^{2-} + 4H^+ = 2MnO_4^- + MnO_2 + 2H_2O$

（3）硫；高；低；无法确定

（4）$K_4[Fe(CN)_6]$；蓝；$KFe[Fe(CN)_6]$；普鲁士蓝；$K_3[Fe(CN)_6]$；蓝；$KFe[Fe(CN)_6]$；滕氏蓝；同一种

（5）顺式二氯二氨合铂（Ⅱ）；顺铂；抗癌药

3. 综合题

（1）$1s^22s^22p^63s^23p^63d^74s^2$ 或 $[Ar]3d^74s^2$；O；Mn

（2）sp；sp^3

（3）$H_2O > CH_3OH > CO_2 > H_2$

H_2O 与 CH_3OH 均为极性分子，H_2O 中氢键比甲醇多；

CO_2 与 H_2 均为非极性分子，CO_2 分子量较大、范德瓦耳斯力（色散力）较大

（4）离子键和 π 键

实验十五　配位化合物的制备及其性质思考题参考答案

1. 判断题

（1）×　（2）×　（3）×　（4）×　（5）×　（6）×　（7）×　（8）√

（9）√　（10）×

2. 选择题

（1）D　（2）A　（3）C　（4）D　（5）B　（6）C　（7）B　（8）A　（9）C

（10）C　（11）B　（12）C　（13）C　（14）B　（15）D

3. 简答题

（1）答：配合物的生成改变了电对的电极电势。

$$\varphi^{\theta}_{[Co(NH_3)_6]^{3+}/[Co(NH_3)_6]^{2+}} = \varphi^{\theta}_{Co^{3+}/Co^{2+}} + \frac{RT}{nF}\ln\frac{K_{稳,[Co(NH_3)_6]^{3+}}}{K_{稳,[Co(NH_3)_6]^{2+}}} = 0.067\ V$$

$0.067\ V < 0.41\ V$

故，Co^{3+} 能氧化水，$[Co(NH_3)_6]^{3+}$ 却不能。

（2）答：溶液中游离的 CN^- 离子的最低浓度应是 $1.02 \times 10^{-5}\ mol \cdot L^{-1}$。

实验十六　基础化学综合考核实验思考题参考答案

1. 选择题

（1）C　（2）A　（3）A　（4）C　（5）C　（6）B　（7）C　（8）A　（9）A

（10）D　（11）D　（12）A　（13）C　（14）A　（15）B　（16）B　（17）D

（18）B　（19）D　（20）A　（21）C　（22）D　（23）D　（24）B　（25）D

（26）D　（27）A　（28）C　（29）C　（30）B　（31）D　（32）C　（33）A

（34）A　（35）A　（36）C　（37）C　（38）B　（39）D　（40）A　（41）D

（42）C　（43）B　（44）A　（45）C　（46）A　（47）A　（48）C　（49）B

（50）B　（51）D　（52）B　（53）A　（54）B　（55）B

2. 判断题

（1）√ （2）× （3）× （4）√ （5）√ （6）× （7）√ （8）×
（9）√ （10）√

3. 填空题

（1）7.21 （2）0.576 （3）0.2 （4）1×10^{-4} （5）Cr；Mn
（6）[Ar] $3d^{10}4s^2$ 或 $1s^22s^22p^63s^23p^63d^{10}4s^2$；四；ⅡB；ds

4. 计算题

（1）解：产物是 NH_4Cl，为一元弱酸

$c(NH_4^+) = (0.10\times50)/100 = 0.05\ mol\cdot L^{-1}$，

$K_a = \frac{K_w}{K_b} = \frac{1.0\times10^{-14}}{1.8\times10^{-5}} = 5.6\times10^{-10}$，$c_aK_a > 20K_w$，$c_a/K_a > 500$，用最简式计算。

$$[H_3O^+] = \sqrt{K_ac_a} = \sqrt{5.6\times10^{-10}\times0.05} = 5.3\times10^{-6}\ mol\cdot L^{-1}$$

$$pH = 5.3$$

（2）解：

1）此缓冲溶液的 pH 计算可利用 Henderson-Hasselbalch 方程式

$$pH = pK_a + \lg\frac{n(Ac^-)}{n(HAc)}$$

$$pH = 4.76 + \lg\frac{0.400\times0.500-0.442\times0.184}{0.442\times0.184} = 4.92$$

2）

$$[Ac^-] = \frac{0.400\times0.500-0.442\times0.184}{0.500+0.184} = 0.173\ mol\cdot L^{-1}$$

$$[HAc] = \frac{0.442\times0.184}{0.500+0.184} = 0.119\ mol\cdot L^{-1}$$

加入 KOH 后缓冲溶液 pH

$$pH = pK_a + \lg\frac{n(Ac^-)+n(KOH)}{n(HAc)-n(KOH)}$$

$$pH = pK_a + \lg\frac{0.173\times0.5+n(KOH)}{0.119\times0.5-n(KOH)}$$

$$4.92 + 0.15 = 4.76 + \lg\frac{0.173\times0.5+n(KOH)}{0.119\times0.5-n(KOH)}$$

$$= 2.04$$

$$n(KOH) = 0.0115\ mol$$

$$m(KOH\text{固体}) = 0.64\ g$$

（3）解：

Fe^{3+} 开始沉淀时：$c(OH^-) = \sqrt[3]{\frac{4.0\times10^{-38}}{0.1}} = 7.4\times10^{-13}\ mol\cdot L^{-1}$

Mg^{2+} 开始沉淀时：$c(OH^-) = \sqrt{\frac{1.2\times10^{-11}}{0.1}} = 1.1\times10^{-5}\ mol\cdot L^{-1}$

Fe^{3+} 完全沉淀时：$c(OH^-) = \sqrt[3]{\frac{4.0\times10^{-38}}{1.0\times10^{-5}}} = 1.58\times10^{-11} < 1.1\times10^{-5}$

可见，当 Fe^{3+} 完全沉淀时，Mg^{2+} 尚未沉淀，因而通过加碱的方法可以将浓度均为 $0.10\ mol\cdot L^{-1}$ 的 Fe^{3+} 和 Mg^{2+} 完全分离。

附　录

一、常用弱电解质在水中的解离常数

化合物	化学式	温度/℃	分步	K_a（或 K_b）	pK_a（或 pK_b）
砷酸	H_3AsO_4	25	1	5.5×10^{-3}	2.26
			2	1.7×10^{-7}	6.76
			3	5.1×10^{-12}	11.29
亚砷酸	H_2AsO_3	25	—	5.1×10^{-10}	9.29
硼酸	HBO_3	20	1	5.4×10^{-10}	9.27
			2		＞14
碳酸	H_2CO_3	25	1	4.5×10^{-7}	6.35
			2	4.7×10^{-11}	10.33
铬酸	H_2CrO_4	25	1	1.8×10^{-1}	0.74
			2	3.2×10^{-7}	6.49
氢氟酸	HF	25	—	6.3×10^{-4}	3.20
氢氰酸	HCN	25	—	6.2×10^{-10}	9.21
氢硫酸	H_2S	25	1	8.9×10^{-8}	7.05
			2	1.2×10^{-13}	12.90
过氧化氢	H_2O_2	25	—	2.4×10^{-12}	11.62
次溴酸	HBrO	25	—	2.0×10^{-9}	8.55
次氯酸	HClO	25	—	3.9×10^{-8}	7.40
次碘酸	HIO	25	—	3×10^{-11}	10.5
碘酸	HIO_3	25	—	1.6×10^{-1}	0.78
亚硝酸	HNO_2	25	—	5.6×10^{-4}	3.25
高碘酸	HIO_4	25	—	2.3×10^{-2}	1.64
磷酸	H_3PO_4	25	1	6.9×10^{-3}	2.16
		25	2	6.1×10^{-8}	7.21
		25	3	4.8×10^{-13}	12.32
正硅酸	H_4SiO_4	30	1	1.2×10^{-10}	9.9
			2	1.6×10^{-12}	11.8
			3	1×10^{-12}	12
			4	1×10^{-12}	12

续表

化合物	化学式	温度/℃	分步	K_a（或 K_b）	pK_a（或 pK_b）
硫酸	H_2SO_4	25	2	1.0×10^{-2}	1.99
亚硫酸	H_2SO_3	25	1	1.4×10^{-2}	1.85
			2	6×10^{-7}	7.2
氨水	$NH_3 \cdot H_2O$	25	—	1.8×10^{-5}	4.75
氢氧化钙	$Ca(OH)_2$	25	2	4×10^{-2}	1.4
氢氧化铝	$Al(OH)_3$	25	—	1×10^{-9}	9.0
氢氧化银	AgOH	25	—	1.0×10^{-2}	2.00
氢氧化锌	$Zn(OH)_2$	25	—	7.9×10^{-7}	6.10
甲酸	HCOOH	25	1	1.8×10^{-4}	3.75
乙（醋）酸	CH_3COOH	25	1	1.75×10^{-5}	4.756
丙酸	C_2H_5COOH	25	1	1.3×10^{-5}	4.87
一氯乙酸	$CH_2ClCOOH$	25	1	1.4×10^{-3}	2.85
草酸	$C_2H_2O_4$	25	1	5.6×10^{-2}	1.25
			2	1.5×10^{-4}	3.81
柠檬酸	$C_6H_8O_7$	25	1	7.4×10^{-4}	3.13
			2	1.7×10^{-5}	4.76
			3	4.0×10^{-7}	6.40
巴比土酸	$C_4H_4N_2O_3$	25	1	9.8×10^{-5}	4.01
甲胺盐酸盐	$CH_3NH_2 \cdot HCl$	25	1	2.2×10^{-11}	10.66
二甲胺盐酸盐	$(CH_3)_2NH \cdot HCl$	25	1	1.9×10^{-11}	10.73
乳酸	$C_6H_3O_3$	25	1	1.4×10^{-4}	3.86
乙胺盐酸盐	$C_2H_5NH_2 \cdot HCl$	20	1	2.2×10^{-11}	10.66
苯甲酸	C_6H_5COOH	25	1	6.25×10^{-5}	4.204
苯酚	C_6H_5OH	25	1	1.0×10^{-10}	9.99
邻苯二甲酸	$C_8H_6O_4$	25	1	1.14×10^{-3}	2.943
			2	3.70×10^{-6}	5.432
Tris-HCl		37	1	1.4×10^{-8}	7.85
氨基乙酸盐酸盐	$H_2NCH_2COOH \cdot 2HCl$	25	1	4.5×10^{-3}	2.35
			2	1.6×10^{-10}	9.78

二、常见难溶化合物的溶度积

化合物	K_{sp}	化合物	K_{sp}	化合物	K_{sp}
AgAc	1.94×10^{-3}	$CdCO_3$	1.0×10^{-12}	Li_2CO_3	8.15×10^{-4}
AgBr	5.35×10^{-13}	CdF_2	6.44×10^{-3}	$MgCO_3$	6.82×10^{-6}
$AgBrO_3$	5.38×10^{-5}	$Cd(IO_3)_2$	2.5×10^{-8}	MgF_2	5.16×10^{-11}
AgCN	5.97×10^{-17}	$Cd(OH)_2$	7.2×10^{-15}	$Mg(OH)_2$	5.61×10^{-12}
AgCl	1.77×10^{-10}	CdS	8.0×10^{-27}	$Mg_3(PO_4)_2$	1.04×10^{-24}
AgI	8.52×10^{-17}	$Cd_3(PO_4)_2$	2.53×10^{-33}	$MnCO_3$	2.24×10^{-11}
$AgIO_3$	3.17×10^{-8}	$Co_3(PO_4)_2$	2.05×10^{-35}	$Mn(IO_3)_2$	4.37×10^{-7}
AgSCN	1.03×10^{-12}	CuBr	6.27×10^{-9}	$Mn(OH)_2$	2.06×10^{-13}
Ag_2CO_3	8.46×10^{-12}	CuC_2O_4	4.43×10^{-10}	MnS	2.5×10^{-13}
$Ag_2C_2O_4$	5.40×10^{-12}	CuCl	1.72×10^{-7}	$NiCO_3$	1.42×10^{-7}
Ag_2CrO_4	1.12×10^{-12}	CuI	1.27×10^{-12}	$Ni(IO_3)_2$	4.71×10^{-5}
Ag_2S	6.3×10^{-50}	CuS	6.3×10^{-36}	$Ni(OH)_2$	5.48×10^{-16}
Ag_2SO_3	1.50×10^{-14}	CuSCN	1.77×10^{-13}	α-NiS	3.2×10^{-19}
Ag_2SO_4	1.20×10^{-5}	Cu_2S	2.5×10^{-48}	$Ni_3(PO_4)_2$	4.74×10^{-32}
Ag_3AsO_4	1.03×10^{-22}	$Cu_3(PO_4)_2$	1.40×10^{-37}	$PbCO_3$	7.40×10^{-14}
Ag_3PO_4	8.89×10^{-17}	$FeCO_3$	3.13×10^{-11}	$PbCl_2$	1.70×10^{-5}
$Al(OH)_3$	1.1×10^{-33}	FeF_2	2.36×10^{-6}	PbF_2	3.3×10^{-8}
$AlPO_4$	9.84×10^{-21}	$Fe(OH)_2$	4.87×10^{-17}	PbI_2	9.8×10^{-9}
$BaCO_3$	2.58×10^{-9}	$Fe(OH)_3$	2.79×10^{-39}	$PbSO_4$	2.53×10^{-8}
$BaCrO_4$	1.17×10^{-10}	FeS	6.3×10^{-18}	PbS	8×10^{-28}
BaF_2	1.84×10^{-7}	HgI_2	2.9×10^{-29}	$Pb(OH)_2$	1.43×10^{-20}
$Ba(IO_3)_2$	4.01×10^{-9}	HgS	4×10^{-53}	$Sn(OH)_2$	5.45×10^{-27}
$BaSO_4$	1.08×10^{-10}	Hg_2Br_2	6.40×10^{-23}	SnS	1.0×10^{-25}
$BiAsO_4$	4.43×10^{-10}	Hg_2CO_3	3.6×10^{-17}	$SrCO_3$	5.60×10^{-10}
CaC_2O_4	2.32×10^{-9}	$Hg_2C_2O_4$	1.75×10^{-13}	SrF_2	4.33×10^{-9}
$CaCO_3$	3.36×10^{-9}	Hg_2Cl_2	1.43×10^{-18}	$Sr(IO_3)_2$	1.14×10^{-7}
CaF_2	3.45×10^{-11}	Hg_2F_2	3.10×10^{-6}	$SrSO_4$	3.44×10^{-7}
$Ca(IO_3)_2$	6.47×10^{-6}	Hg_2I_2	5.2×10^{-29}	$ZnCO_3$	1.46×10^{-10}
$Ca(OH)_2$	5.02×10^{-6}	Hg_2SO_4	6.5×10^{-7}	ZnF_2	3.04×10^{-2}
$CaSO_4$	4.93×10^{-5}	$KClO_4$	1.05×10^{-2}	$Zn(OH)_2$	3×10^{-17}
$Ca_3(PO_4)_2$	2.07×10^{-33}	$K_2[PtCl_6]$	7.48×10^{-6}	α-ZnS	1.6×10^{-24}

三、某些配离子的标准稳定常数

配体及金属离子	$\lg\beta_1$	$\lg\beta_2$	$\lg\beta_3$	$\lg\beta_4$	$\lg\beta_5$	$\lg\beta_6$
氨（NH_3）						
Co^{2+}	2.11	3.74	4.79	5.55	5.73	5.11
Co^{3+}	6.7	14.0	20.1	25.7	30.8	35.2
Cu^{2+}	4.31	7.98	11.02	13.32	12.86	
Hg^{2+}	8.8	17.5	18.5	19.28		
Ni^{2+}	2.80	5.04	6.77	7.96	8.71	8.74
Ag^{+}	3.24	7.05				
Zn^{2+}	2.37	4.81	7.31	9.46		
Cd^{2+}	2.65	4.75	6.19	7.12	6.80	5.14
氯离子（Cl^-）						
Sb^{3+}	2.26	3.49	4.18	4.72		
Bi^{3+}	2.44	4.7	5.0	5.6		
Cu^{+}		5.5	5.7			
Pt^{2+}		11.5	14.5	16.0		
Hg^{2+}	6.74	13.22	14.07	15.07		
Au^{3+}		9.8				
Ag^{+}	3.04	5.04				
氰离子（CN^-）						
Au^{+}		38.3				
Cd^{2+}	5.48	10.60	15.23	18.78		
Cu^{+}		24.0	28.59	30.30		
Fe^{2+}						35
Fe^{3+}						42
Hg^{2+}				41.4		
Ni^{2+}				31.3		
Ag^{+}		21.1	21.7	20.6		
Zn^{2+}				16.7		
氟离子（F^-）						
Al^{3+}	6.10	11.15	15.00	17.75	19.37	19.84
Fe^{3+}	5.28	9.30	12.06			
碘离子（I^-）						
Bi^{3+}	3.63			14.95	16.80	18.80
Hg^{2+}	12.87	23.82	27.60	29.83		
Ag^{+}	6.58	11.74	13.68			

续表

配体及金属离子	$\lg\beta_1$	$\lg\beta_2$	$\lg\beta_3$	$\lg\beta_4$	$\lg\beta_5$	$\lg\beta_6$
硫氰酸根（SCN^-）						
Fe^{3+}	2.95	3.36				
Hg^{2+}		17.47		21.23		
Au^+		23		42		
Ag^+		7.57	9.08	10.08		
硫代硫酸根（$S_2O_3^{2-}$）						
Ag^+	8.82	13.46				
Hg^{2+}		29.44	31.90	33.24		
Cu^+	10.27	12.22	13.84			
醋酸根（CH_3COO^-）						
Fe^{3+}	3.2					
Hg^{2+}		8.43				
Pb^{2+}	2.52	4.0	6.4	8.5		
柠檬酸根（按 l^{3-} 配体）						
Al^{3+}	20.0					
Co^{2+}	12.5					
Cd^{2+}	11.3					
Cu^{2+}	14.2					
Fe^{2+}	15.5					
Fe^{3+}	25.0					
Ni^{2+}	14.3					
Zn^{2+}	11.4					
乙二胺（$H_2NCH_2CH_2NH_2$）						
Co^{2+}	5.91	10.64	13.94			
Cu^{2+}	10.67	20.00	21.0			
Zn^{2+}	5.77	10.83	14.11			
Ni^{2+}	7.52	13.84	18.33			
草酸根（$C_2O_4^{2-}$）						
Cu^{2+}	6.16	8.5				
Fe^{2+}	2.9	4.52	5.22			
Fe^{3+}	9.4	16.2	20.2			
Hg^{2+}		6.98				
Zn^{2+}	4.89	7.60	8.15			
Ni^{2+}	5.3	7.64	~8.5			

参考文献

[1] 徐伟民．基础化学实验．杭州：浙江大学出版社，2011.
[2] 孙尔康．无机化学实验．南京：南京大学出版社，2018.
[3] 魏微．大学化学实验．北京：化学工业出版社，2016.
[4] 陈丽华．基础化学实验教程．北京：化学工业出版社，2018.
[5] 唐向阳，余莉萍．基础化学实验教程，4 版．北京：化学工业出版社，2015.
[6] 席晓岚，任群翔．基础化学．北京：科学出版社，2016.
[7] 袁天佑，吴文伟，王清．无机化学实验．上海：华东理工大学出版社，2005.
[8] 徐莉英．无机及分析化学实验．上海：上海交通大学出版社，2004.
[9] 廖霞，谢燕．大学化学基础实验（Ⅰ）．贵阳：贵州大学出版社，2008.
[10] 孟长功．基础化学实验，3 版．北京：高等教育出版社，2019.
[11] 崔培培，王丽燕．基础化学实验教程．沈阳：辽宁大学出版社，2020.
[12] 郭栋才．基础化学实验．北京：科学出版社，2021.